【專業名人推薦】

「這本書真是迷人又好笑啊！」
　　　　　　──羅維理（Carlo Rovelli），迴圈量子重力理論重要創建者，著有《七堂簡單物理課》

「我迫不及待要向大家推薦這本厲害的書。我們的文明就是需要這種易懂又深奧的書啊。」
　　　　　　　　──尼可拉斯‧吉辛（Nicolas Gisin），物理學家，專攻量子密碼學

「看了這本書我才知道，當我們移動得越快，慣性質量就越大。所以我就可以說服我妻子，要我慢跑減肥是沒用的啦。感恩這本書啊！」
　　　　　　　　──查普（Zep），漫畫家，家庭喜劇動畫Titeuf創作者

「真是又酷又能學到東西。」
　　　　　　──雅克‧杜巴謝（Jacques Dubochet），2017年諾貝爾化學獎獲獎者

「令人興奮不已的視覺文學。裡面除了有趣的故事，還有搭配強大視覺工具的嚴肅段落。書中藉由角色的漫畫式冒險，也就是一般人的日常生活，在敘事中把科學史及其意義和影響巧妙地交織在一起呈現。」
　　　　　　　　──克勞蒂-阿蘭‧皮列（Claude-Alain PILLET），數學物理學家

「這本漫畫提供了堅實、合理、有趣的觀點，讓讀者知道，我們對於真實物理世界所知或是可猜測的極限。」
　　　　　　　　──達維‧呂耶勒（David Ruelle），數學物理學家，2014年馬克思‧普朗克獎得主

Laurent
Schafer

La Physique
Quantique
Et La
Relativite En Bd

勞倫・薛弗 ——文、圖
宋宜真 ——譯

怪奇物理的日常大冒險

QUANTIX

又酷又能學到東西的
漫畫量子力學，
迷人又好笑的
相對論

目錄

導言

這件事情，大多數的人都不知道。

一個世紀以前，科學家發現了一塊奇怪的大陸，上面長著幾棵不太像是樹的樹。在這塊大陸，蘋果不見得會往下掉，有時候是飄浮在空中，或是變形，或是疊加，或是出現在任何難以預測的地方。在這顆蘋果周圍，時間有可能加速前進，也可能停下。甚至，這顆蘋果基本上就是由空無所組成。

那個蘋果不見得會往下掉的世界，究竟是哪裡？就是我們的世界！我們的感官會欺騙我們，因為宇宙並不是我們所感知到的那樣。這部視覺文學藉由一些如同我們一般的凡夫俗子的日常生活，解釋這種新奇迷人的隱藏真實：時間是會變動的，質量是空無的，空間是不一致的，而量子是不可預測的。這是一場輕盈、愉快又有趣的旅程。在這同時，這也是一本治學嚴謹的書，參考了許多優秀聰明的學者和物理學家的著作。

旅途就要開始了。從現在開始，你要是在聚會時聽到有人講「量子」或「相對論」，就不必再偷偷溜走了。而且，可能沒多久之後，這個開口閉口會談到量子或相對論的人就是你哦！

近似的真實

古典物理的世界觀，其實是個近似。
現在我們知道，這個世界觀有「根本上的缺陷」。

──美國加州大學物理學家布魯斯・羅森布魯（Bruce Rosenblum）、
弗瑞德・科特納（Fred Kuttner）

我們地球人只能在二維平面上理解我們自己的存在……這真是一種奇怪的習慣。

他們凝視著牛排表面試圖解讀未來，同時也抽空分析烹調牛排的完美方法。

除了偶爾閃逝的念頭，我們很少想到上方的事。

這幾個無知的靈魂竟敢沉思這有限的二維平面上方無垠的事？

但我們大多會避免撞上這片令人眼花撩亂的存在之牆。

很快的，我們就會回到日常生活關注的事情上⋯⋯

比起我們上方的天空以及天空之外的事，我們關心的大多是雲、雨、太陽等等……我們在自己的小小世界中很安全，隨心所欲地在無限大和無限小之間穿梭，就像在玻璃罩下的一小塊切達乳酪。

但是，科學才正要開始航行與探索這塊乳酪、這個罩子，以及屬於一個更大整體的我們每一個人。科學的規則十分迷人、驚奇且難以置信。我們都在地面上，受制於同樣的規則。

第一章

有彈性的時間

「突然間，時間變得像橡膠一般可以曲折。」

——丹·弗克（Dan Falk），科學作者

說來有趣…

當你騎著
單車…

…時間確實會
「慢下來」。

相對於
坐著不動的人來說，
時間變慢了。

長凳上的人若能清楚看到單車騎士的手錶，
他會看到騎士的錶走得比他的錶
慢了一些些些些。

騎得越快，時間就拉得越長。
從旁觀者的角度來看，
騎士的移動速度「拖慢」了時間。

時空是你的朋友，
你在單車上老化的
速度會變慢！

雖然你的感覺
未必是如此！

14

等等！
怎麼講到這裡去了?!
單車騎士跟時空有什麼關係？

當我們想到時空，想到的通常是像這樣的東西。

時空是科幻的終極老梗，
任何書本或電影製造驚險動魄畫面的速食方案。

時空跳躍幾乎可以用來解釋所有的劇情漏洞。

還能得到
又美又眩目的
燈光效果。

跟速食一樣，
好吞嚥，難消化。

嗝……

嗝

再嗝

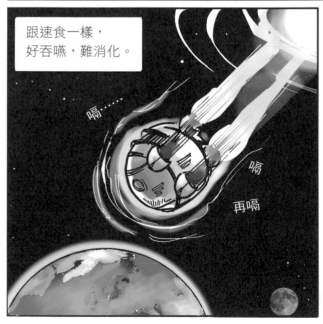

而且方便回家！

當「時空」不作為科幻小說的老梗時，
它其實是在表達科學上最扣人心弦的宇宙理論：

狹義相對論

就讓我們從星際宇宙最邊緣的行星，
開始探索相對論吧！

歡迎來到茲格摩克斯星（ZGmòX）！

茲格摩克斯星人策畫要捕捉光的「樣本」，
作為戰利品。茲格摩克斯人技術非常先進，
所以應該是個好點子

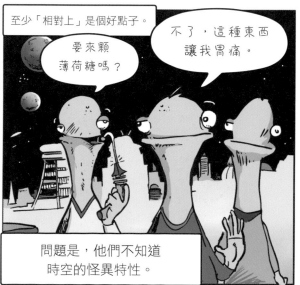

至少「相對上」是個好點子。

要來顆
薄荷糖嗎？

不了，這種東西
讓我胃痛。

問題是，他們不知道
時空的怪異特性。

這跟印加人有點像——他們是聰明絕頂的天
文學家，但從未發明輪子。

有聽到新聞報導了嗎？
我們要去捕捉光子囉！
茲古摩！

叫我嗎？

我是說茲古
摩，不是你
茲格摩……

基本上，
我們要去追一束光，
從光束的尾端
捕捉光粒子樣本。

光子??

計畫聽來
滿有趣的……
但光實在跑得
踏馬的快……

要從光束尾端捕捉一些光子，
光是要做的準備就多到嚇人。

還好，茲格摩克斯星人的科技有些部分確實還滿先進的。

他們已經發展出一種機器，力道大到可以拔出聖果陀普洛克神聖雕像中的柳釘。

太空船以接近光的速度飛行……

……逐漸逼近了光束

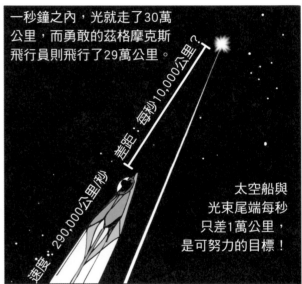

一秒鐘之內，光就走了30萬公里，而勇敢的茲格摩克斯飛行員則飛行了29萬公里。

差距：每秒10,000公里

速度：290,000公里/秒

太空船與光束尾端每秒只差1萬公里，是可努力的目標！

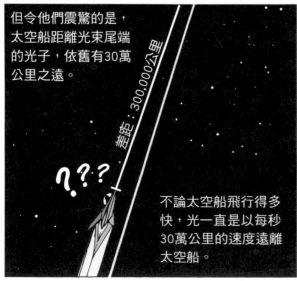

但令他們震驚的是，太空船距離光束尾端的光子，依舊有30萬公里之遠。

差距：300,000公里

不論太空船飛行得多快，光一直是以每秒30萬公里的速度遠離太空船。

不論太空船如何加速，就是無法更靠近光束尾端，連一公分、一公釐、一丁點都靠近不了！

茲克摩，發生了什麼事？

叫我嗎？？

20

290,000 公里/秒　　差距：30萬公里

0公里/秒　　差距：30萬公里

光持續以每秒30萬公里的速度遠離。不論飛行員拚了全力去追還是悠哉坐在屋頂觀看，結果都是一樣！

這怎麼可能？時間和空間是一體的兩面。把宇宙假想成一個圓，黃色部分代表穿越空間的速度，藍色代表穿越時間的速度。

時空宇宙

穿越空間的速度

穿越時間的速度

你大概……在這裡

時間和空間向來是互補的。當物體穿越其中一方的速度減少，穿越另一方的速度就會增加。

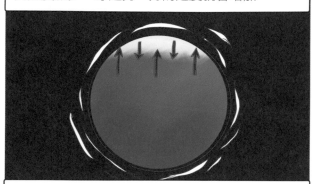

圓就是**穿越空間和時間的速度之總和**。這個總和會對應到光速，光速是常數，也就是說這個總和不會改變。

如果物體穿越空間的速度增加，那麼穿越時間的速度就會減少。如此一來，外部觀察者感知到的就會是，物體上的時鐘走得比自己的慢。

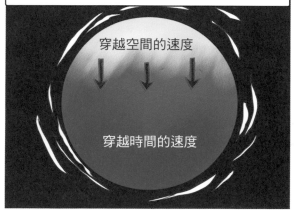

穿越空間的速度

穿越時間的速度

如果外部觀察者能看到太空船加速穿越空間，他們就會注意到太空船上的時間過得比較慢。他們也會看到，當太空船的慣量增加，船身便會「擠入」較短的空間內。

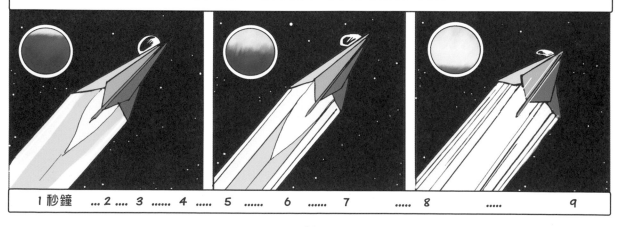

1秒鐘　…2…. 3 …… 4　5 …… 6 …… 7　…… 8　…… 9

從控制塔台來看，太空船被壓縮，
動作變慢，飛行員的聲音拉長。

格格格…摩摩摩摩摩…拉
拉ㄚㄚㄚ…克ㄊㄊㄊㄊㄊ

我完全聽不懂！
他嘴裡是不是含了
一大把薄荷糖？

哎呀，
這個菈摩格格
克就是愛開
玩笑！

他的臉好像
有點怪？

這就是**相對論**效應：飛行員在艙內
不會察覺任何異狀，
他的手錶行走速度都跟之前一樣。

你們為什麼用這種
奇怪的表情看我？

我臉上
有飯粒嗎？

太空船以261,000公里/秒
（光速的87%）的速度飛行，
此時控制塔台觀看太空船上
時鐘的行走速度只有自己的一半。

換句話說：
控制塔台上每過兩小時，
太空船只過了一小時。

要是太空船的速度提升
到達光速的98%，
時間就會變成五倍慢！
地面兩小時，太空船上只過了24分鐘。

261,000 公里/秒

294,000 公里/秒

你越加速，時間就走得越慢：你在空間中占領得越
多，在時間中就失去得越多！你會需要無限多的能量
和無限多的時間，才能追上光束。光束仍舊以每秒30
萬公里的速度在移動。光速是常數，但時間不是！

你認為這與你日常生活無關？這真是大
錯特錯了。時空神奇無比的彈性，也在
我們這顆星球上發揮作用。

所以這是在說，
我們是無端遭遇這
些問題的嗎？

我的聖果陀
普洛克呀！

你不需要老遠跑去星際旅行，來尋找這種怪異的效應。在我們這顆古老的小地球身上，就可以看到同樣的時空效應了。

我們回到單車上來看。

看仔細點……

……車子沒在動哦。

再看仔細點……現在的確沒在動……

……但物理學家布萊恩·葛林（Brian Greene）告訴我們，它穿越時間時是有在移動的。

再拿出這顆時空之球來看看。現在完全是藍的，也就是單車只剩下穿越時間的速度。

但只要單車開始騎動，它穿越時間的速度就會隨著它穿越空間的速度增加而略微減少（上方黃色部分）

切記：穿越時間和空間的速度總和，永遠等於光速。這是唯一的常數。

40公里/小時 ⇒ 時間會變慢0.0000007奈秒

即使在單車上，時間也會減速。每秒大約慢了幾十億分之一，雖然少，但確實發生。

23

搭便車的旅人可以推估，當汽車以100公里/小時的速度行駛時，車上的時間會比他的手錶還慢0.0000041奈秒。

物體只要在移動，它的時間……

……就會走得比靜止的物體慢。

每個個體，都存活在不同的時間之中。這可不是形而上的描述，而是物理上的實況！沒有放諸宇宙皆準的時間。每個人都有**自己的時間**，每個時間都以略微不同的速率在流逝。

慢0.000017奈秒

慢0.0000028奈秒

慢0.0000002奈秒

慢0.0000007奈秒

你不相信？在1971年，兩位美國科學家首度測試了狹義相對論。飛機上放了一組銫原子時鐘，環遊世界。飛機上的時鐘落地後再與地面上的時鐘比對。

飛機上的時鐘確實慢了幾奈秒！

這是人類首度證實自己能逃脫時間的牢籠。

人類一定也很快便能逃脫
喇叭褲和寬領的迪斯可世代。不過這不太相干。

飛行最快的人造物就是太空探測船，
速度高達10萬公里/小時。
軌道太空站的速度是28000公里/小時，
繞地球一周只需要一小時。
從地面上來看，
太空站的時間每秒會「消失」0.3奈秒。

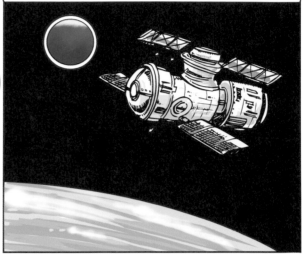

但以宇宙尺度來說，我們就像是氣喘吁吁的蝸牛（這樣說蝸牛還真是侮辱了牠）。
在一秒之內，也就是眼睛眨一下的時間，光就繞行地球7.5圈。這是時間開到最大檔次的速度！

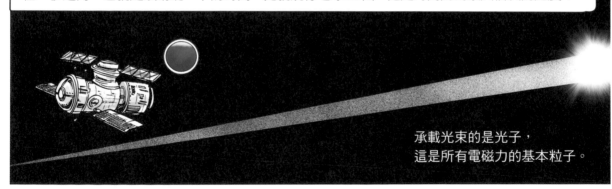

承載光束的是光子，
這是所有電磁力的基本粒子。

所有東西都會在空間和時間中移動。但是光束例外。
光只在空間中移動，以宇宙所容許的最高速度在移動。
由於光不會在時間中移動，因此光束的尾端是永恆的。

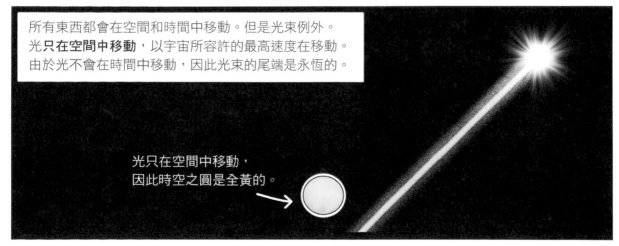

光只在空間中移動，
因此時空之圓是全黃的。

這表示光沒有起點也沒有終點嗎？如果光是永恆的，它就同時是始也是終。
這樣一來，光束的尾端就會曉得「時間」的起點與終點——從大霹靂到宇宙遙遠的未來。
此外，時間的流逝似乎只是幻覺。這點我們稍後再說。

現在我們先回到現實……順帶一提，發現空間和時間之間這種奇特關連的人
是愛因斯坦。隨便抓一個路人問他最有名的科學家是誰，大家脫口而出的幾
乎都是「愛因斯坦」！

愛因斯坦一直享負盛名，只要引用他的話，不管相不相關，
聽起來就會變聰明。的確，有很多引自這位偉大物理學家的名言⋯⋯
其實是他從來沒說過的。

第二章

奇異的世界

「有一種理論指出，如果有人確實發現了宇宙是什麼以及它存在的原因，
這個宇宙就會立即消失，並被更古怪、更莫名其妙的東西所取代。
還有另一種理論指出，這種情況已經發生。」

——引自《銀河列車指南》，道格拉斯‧亞當斯（Douglas Adams）

在一個多世紀前，
人類已經探索了大部分的地球。
人們為自己破解了大自然最深的奧祕感到驕傲。
在經過一陣發現和探索之後，
我們認為自己已經掌握了世界的尺度
——至少是世界的近似尺度。

其中一位探險家是著名的博物學家阿蘭森·布拉揚（Alanson Bryan），他在1907年穿越海洋和叢林，尋找蹤跡難尋的黑監督吸蜜鳥（Black Mamos）。

自此，黑監督吸蜜鳥就真的不見蹤跡了。

不幸的是，根據比爾·布萊森（Bill Bryson）所言，阿蘭森正是當時「凡受到最熱切關注的生物，也會成為最可能滅絕生物」這個荒謬時期的代表性人物。

在當時，人們不喜歡自己根深柢固的信念受到質疑*。1892年，科學家尤金·杜波瓦（Eugene Dubois）親身經歷了這個殘酷事實。

年輕科學家杜波瓦，發現了後來所謂的「爪哇猿人」，它是介於猿和人之間消失的環節。他滿懷期待回到荷蘭時會受到凱旋式的歡迎。

* 其實現在也是。

30

但是古生物學家公會歡迎他的態度，
就像醫院腸胃科病患聽聞自己要灌腸那樣。

這顆頭骨不見容於當時既定的分類系統。
那不妨就忽略它吧。

要到60年後，
爪哇猿人才被認定為第一個直立人。
而那時杜波瓦自己也成了一副骷髏。

呼嚕呼嚕…

爪哇猿人的遭遇並非特例。
第一具南方古猿的頭骨（唐孩兒）在被認定
具有人類學上珍貴價值之前，
在書桌上當了好幾年的紙鎮。

這就是科學界在18世紀初期的獨斷模樣。專家學者喜愛布爾喬亞品味的沙龍，
培養出立場堅定的國族主義，並為了獎品而拌嘴，同時相信整個世界的奧祕已經全數解開。

31

知名物理學家克耳文爵士就是懷著這般信念，
做出如下預測：

「現在，所有謎底都已經解開（……）
剩下的就只是要做更精準的測量。」

這就是世界改變的關鍵時刻嗎？
也許是。
有件事情是確定的：從現在開始，真實世界
會比預期的還變幻莫測。

1905年，事情發生了全盤的變化。
一個平凡的無名小卒，將顛覆整個當代物理學的理解。

這年他26歲，但
看起來比實際年
齡還老。

這是他在瑞士伯爾恩專利局
擔任職員的第二年，也是他
第一份真正的工作。

愛因斯坦遠離窮兵黷武的家鄉普魯
士，來到和平的瑞士過著自由自在
的生活。

他的工作就是檢驗專利及其可行性，
同時也花點時間做自己的研究。
他的主管費德里西·海勒（Friedrich Haller），
很欣賞他的聰慧和機智，因此給他極大的自由度。

愛因斯坦喜歡探究闡明物理學原理，
分析其中細微的不一致，
彷彿這些原理是專利局桌上尚待研究的專利。

他的同事兼好友貝索（Michele Besso）
從旁協助他研究。對愛因斯坦來說，
1905年是他的奇蹟年。

啊，沒錯

這位「第三級技術助理」在專利局中發展出
四個理論，每個理論都具有革命性。
這就像是有個人同時發明了輪子、電力、
內燃機以及電子晶片……

……就在一年之內

全靠他自己

在下班後
完成。

親愛的，
明天清潔工
要來哦。

……有時還要倒個垃圾。

愛因斯坦在德國的《物理年報》中，發表了
狹義相對論，以及我們先前看過的奇特的時
間膨脹。

接著他躍進了無限小的世界。
他的第二篇文章證明了原子的存在，
當時科學界尚未確定這種東西是否存在。

親愛的，
晚餐好了！

第三篇文章：愛因斯坦發現
光是由「顆粒」（也就是光子）推動。
當光子撞擊金屬表面，
這些光子就會產生電流。

我待會就
過去。

愛因斯坦的光量子理論，有助於發現後來所謂的量子物理。他的想法超前當時代幾乎20年，因此，你可以想像，在1905年，愛因斯坦的才華攪亂了科學社群的一池春水。

愛因斯坦奇蹟年的第四篇論文，在1905年11月發表。
該文後來成為有史以來最有名的公式，概述了質量與能量之間的關係。

現在，數十年之後，我們請到這兩位特別來賓，為我們展示這個公式：
蒼蠅蘇西，以及塵蟎寇特。寇特是這場科學展示的臨時演員。

他們看起來比較像是在搓腳，而非沉思質量與能量之間的交互作用。
不過，這些蟲輩還是要來為我們展示E=mc²的意義。

第三章

原力在我們裡面

「E=mc²標誌著通往嶄新真實的大門，這個真實與我們先前所知道的都不一樣。」

——加爾法德（Christophe Galfard），物理學家

蘇西面不改色地停在一本書上。同一時間，寇特猛烈打了個噴嚏。而衣櫃旁縫紉機發出的震動，成了壓垮書本的最後一根稻草……

……這本不起眼的書瞬間落下——完美的四開硬皮厚精裝大部頭書本。

我們一直都知道，移動的東西帶有動能。

你還好吧？有受傷嗎？

在這個例子中，這本書的能量足以讓你頭上腫一個包。

好笑？你有看到我在笑嗎？

太好笑了！剛好翻開的頁面就是「如何治療偏頭痛」！

東西一旦靜止，我們會認為它就不具備任何形式的能量。

但其實，這個一動也不動的傢伙，充滿了驚人能量……

……驚人到足以供應巴黎大都會區一整年的電力需求！

這是 $E=mc^2$ 說的。

這聽起來很瘋狂，但其實很簡單。你手上這本書的質量所包含的能量，就是從E=mc²來的。是的，就是這本書。為求簡化，我們假定這本書重量一公斤。

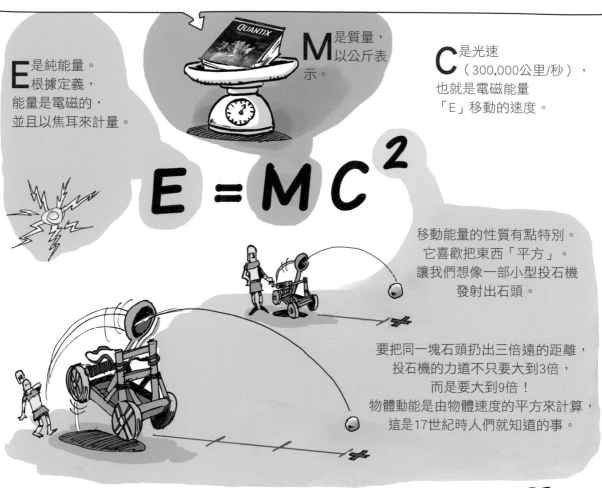

E 是純能量。根據定義，能量是電磁的，並且以焦耳來計量。

M 是質量，以公斤表示。

C 是光速（300,000公里/秒），也就是電磁能量「E」移動的速度。

$$E = MC^2$$

移動能量的性質有點特別。它喜歡把東西「平方」。讓我們想像一部小型投石機發射出石頭。

要把同一塊石頭扔出三倍遠的距離，投石機的力道不只要大到3倍，而是要大到9倍！物體動能是由物體速度的平方來計算，這是17世紀時人們就知道的事。

因此，一公斤的書包含了多少能量？我們只需套入E=mc²的公式就可以知道，也就是E=1公斤 X 300,000 X 300,000＝90,000,000,000百萬焦耳。這相當於25,000吉瓦·小時，也就是1200萬居民的大城市如巴黎或倫敦一年的用電量。這也相當於2億噸黃色炸藥的能量！別忘了，我們這裡談的是一公斤的任何物質哦，所以……

……別相信看似無害的一本書

……外表搞笑的怪鴨

……這棵花椰菜

……這個小雕像

……它們每個都包藏了廣島核彈1000倍的威力

因此質量就是「凍結」的能量，
就像水被困在冰塊狀態中。
只不過這些能量暫時還不會
在我們面前爆開來。

咦??

我們通常只會藉由燃燒之類的化學反應，
把質量的一小部分轉換成能量。

哇，好暖…ℓ…

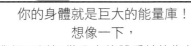

除此之外，我們每天都在未察覺的情況下使用 $E=mc^2$

引擎燃燒汽油。
所獲得的能量來自
極少部分燃料質量的
化學反應。

電池把一小部分的質量
轉換成能量。
藉由超級精密的電子秤可以看到，
電池電量耗盡時，
重量會稍微減輕。

畢！

超人裝

什麼?!
別告訴我妳
打算扮成
貓女?!

即便是我們在思考時，
也是經由化學反應
把非常小的質量轉換成能量。

呃……
先別吵！

你的身體就是巨大的能量庫！
想像一下，
如果我們可以把幾公克的體重轉換為純能量。

哇，不錯
嗯！

真正厲害的在後
面！等我把紅色內
褲穿上……再把小
腹收進去。

我們就會像是超級英雄了！

準備好要參加化
妝舞會了嗎？

如果我們
真的有超能力
會怎樣？

那我們就可以
把花園正中央的
樹給移開了。

要獲得超能力，你只需要吸乾我們體內幾個原子核中的能量，方法就是分裂或融合它們。
核反應（意思是「來自原子核內部的反應」）產生的能量，足燃燒等**化學反應**的一百萬倍。

但這件事要發生還言之過早，因為組成我們身體的原子，可是非常非常穩定的。

不過，1895年時，我們就已經知道某些元素，像是鈾，原子結構並不穩定。
這些元素逐漸衰變的過程中，會放射出天然的放射線（其實也就是「製造放射線」）。

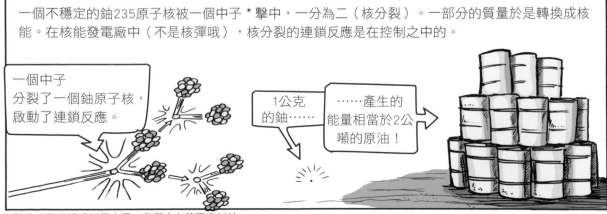

一個不穩定的鈾235原子核被一個中子＊擊中，一分為二（核分裂）。一部分的質量於是轉換成核能。在核能發電廠中（不是核彈哦），核分裂的連鎖反應是在控制之中的。

＊關於原子的組成以及中子，我們會在第五章討論

但還有更好的方法！
把2個氫原子拿去加熱。

大約在攝氏1500萬度
的時候它們會融合。

然後形成一個氦原子，
這會比兩個氫原子**稍微輕一點**。

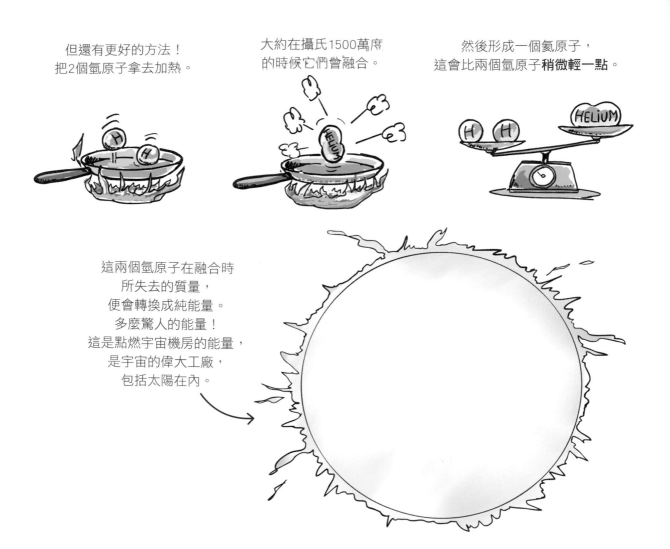

這兩個氫原子在融合時
所失去的質量，
便會轉換成純能量。
多麼驚人的能量！
這是點燃宇宙機房的能量，
是宇宙的偉大工廠，
包括太陽在內。

熱核融合之於能源研究者，就相當於賢者之石之於煉金術士，是能源的聖杯。
托卡馬克裝置這具熱核反應爐原型在法國建造，是一項國際研究計畫的成果，
目前在很大程度上仍屬實驗階段。

你知道我們體內都擁有超凡的潛能嗎？

我們的質量就相當於純能量。

你知道的……就是E=mc²這公式。

被你發現了！我可以告訴你真相……其實我不是假扮成超級英雄。我就是超級英雄，這身是我真正的服裝！

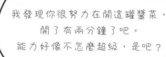

我發現你很努力在開這罐醬菜，開了有兩分鐘了吧。能力好像不怎麼超級，是吧？

呃……不是這樣的！我是在確認這個罐子有沒有關緊。

這什麼怪服裝……你是某種「超雞英雄」嗎?!

43

凌晨三點

有夠蠢的!

······他就是······長長長尾······什麼東西的。

······長尾約馬修啦!

哼······這套衣服······我不怎麼愛。

啊?但我看你玩得很開心啊!

哈啊······超人bye囉······

不過······真奇怪······我體內還充滿著······能量

······潛能

呼嚕······

就算是超人也需要休息的。好好睡吧,我的英雄······

呼～呼～

呼嚕

呼嚕
······

第四章

彎曲的宇宙

「時空可以在死去的恆星附近彎曲、捲起，然後消逝在黑洞裡。
它可以像聖誕老人的肚子般搖晃，傳播出重力壓縮波，
或是像拌麵機中的麵團一樣旋轉。」

——丹尼斯‧奧弗比（Dennis Overbye），科學作家

月明海靜，
勇敢的漁人決定出海冒險。

趁著漲潮時分，
正是釣些肥美大魚的好時機。

來自月球的引力，
拉動了潮水。

你不覺得巴斯丁
還太年輕，聽不太懂
「引力」嗎？

他最好趁年輕
就習慣這個詞。

誰知道？
或許這個孩子是正待
綻放的天才……

……更何況，
說故事的是我，
我想怎麼講就
怎麼講！

忽然間，出現了不可思議的事。
月亮消失了!!

接著海水迅速落下！
因為月亮不是為任何人存在的！

你用「迅速」
一詞，……但實際情況是
立即、瞬間落下！

呃……我抓不到
你要講的重點！……
月亮消失之後，水平面
會稍微下降一點，
不是嗎？

無論如何，這對妳的小外甥巴斯丁不會有什麼影響的！

看看他有多喜歡？他就愛聽故事！

好啦，爸，不過……

……水位是在月亮消失的當下就落下的，不是之後。

好啦……青年愛因斯坦，妳是太閒找碴喔？

去跟妳的小馬玩具玩啦。

天哪，我講到哪裡了……

我告訴你了，這是灌輸小孩錯誤觀念！

好啦……對了露西，我也要提醒妳，待會我們就要去爬山了，別忘記收拾妳的背包。

巴斯丁啊，你是怎麼把臉弄成這樣的？

告訴我……水位在月亮消失之後還是消失當下落下的，你覺得有差別嗎？

反正都是重力啊！就跟牛頓的蘋果落下是一樣的道理。

碰！

1692年，英國物理學家艾薩克·牛頓（Isaac Newton），也就是古典物理學之父，定義了萬有引力的原理。簡單來說：所有物體都會互相吸引，力道就與物體的質量成正比，並且瞬間產生！

噢，不是啦。我叫做艾薩克·『牛頓』……我發現了萬有引力的定律！就是讓蘋果往下掉的那個定律。

……或者說讓地球繞著太陽的那個定律。

很好！那引力怎麼運作的？透過纜線嗎？

事實上，牛頓並不真正知道月球或1億5000萬公里外的太陽，能夠**立即**影響地球。

嗯……這個嘛……細節就先不談了。

嘿嘿。

呃……你到底是在釣什麼？

但是立即的影響，表示速度比光還快！這直接違反了愛因斯坦的狹義相對論。

??

砰！

……有個小問題哦！

我猜你是牛頓先生吧？

喂，這裡是船還是車站啊？

光從月球出發，要花1.5秒才抵達地球。而宇宙中沒有比光速更快的了！

啊哈，抱歉了，引力就比光還快！引力不會延遲，從月球花零秒就到地球了！

?%#!!

談談你那排唇上鬚吧，這讓你看起來很老。

那你的假髮呢？是怎麼回事？

愛因斯坦的狹義相對論與牛頓的物理學發生衝突，就在於無法整合一項基本事物：重力。

我的假髮怎樣了？!

夠了!!

各位先生，我得先離開了。我要去解決一個問題。

重力究竟是怎麼瞬間穿越空間、以高於光速的速度發生作用？
這個問題在愛因斯坦腦海中揮之不去。經過八年耐心的研究，他終於在1915年發表了廣義相對論。
這是數學上的壯舉，也是絕妙的直覺。如果不是愛因斯坦，我們至今可能仍在等待答案。

基本上，這位物理學家表示，重力是空無空間的曲率。

好，別告訴我答案……這個……這個……愛因斯坦，對吧？

呃……他說空無是彎曲的。

太棒了！我的胃也是空的。來吃點東西吧。

……這引來了眾多質疑，甚至酸言酸語。

要瞭解廣義相對論的本質，讓我們想像一下，在空無一物的時空，有一道光和一個小行星破空而過。

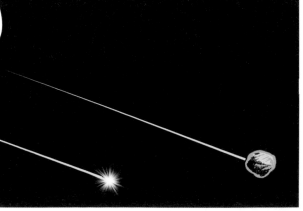

現在，假設這片空無的宇宙是個平坦表面，就像餐桌表面，物體在上面會直線滾動。現在，如果我們放上不同的大質量物體，一切都會改變。

時空會出現碗狀外型，像是這些沉重的球體陷入柔軟的表面。這些天體質量彎曲了時空，產生重力，導致物體甚至光線行進的軌跡都因而偏轉。

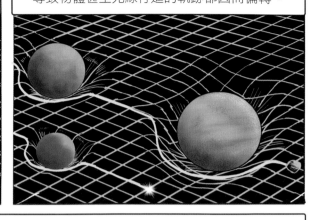

因此，宇宙就是個巨大的**鬆軟床墊**，被塑造它的數十億個天體質量所扭曲。
重力在空無之中的行進速度不會比光還快，因為**它是空的**，
重力就像是針織布的網眼，編織在時空之中。重力和空間就是同一回事！
就此而言，重力是不存在的：吸引著行星和恆星的引力，其實是時空的扭曲。
或者，也許能這麼説……重力確實存在，是空間不存在！這我們稍後再來談。

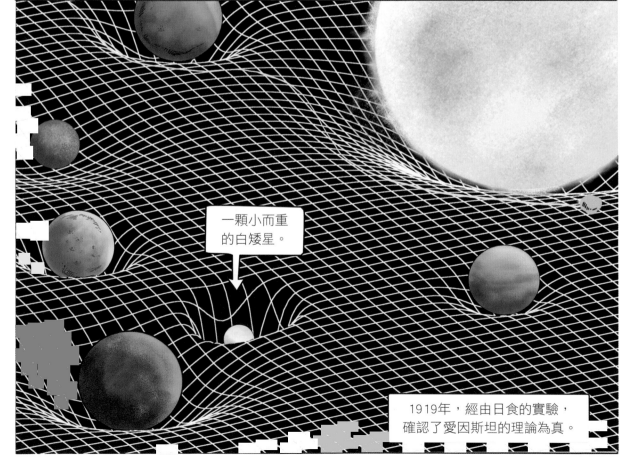

一顆小而重的白矮星。

1919年，經由日食的實驗，確認了愛因斯坦的理論為真。

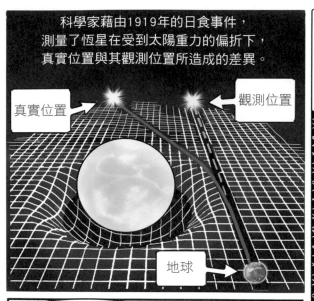

科學家藉由1919年的日食事件，測量了恆星在受到太陽重力的偏折下，真實位置與其觀測位置所造成的差異。

真實位置

觀測位置

地球

事實上，只要是有重量的物體，即使重量很輕，例如一個人，時空也會輕微彎曲。

嗯……

噢，我變胖了，這件褲子穿不下了！

拜託，媽，沒有什麼比改變時空曲率更糟糕了，好嗎！

就當作是物理明日之星的小幽默好了。

??!

太陽經由時空曲率讓地球穩定繞行。行星的離心速度補償了引力。

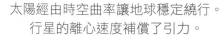

有人看到我的帽子嗎？

有點像是彈珠永久在碗邊滾動。

時空曲率也會扭曲電磁訊號，尤其是來自GPS衛星的訊號。衛星的電子設備會把這些資料納入計算。

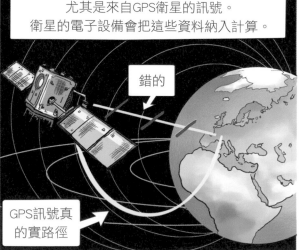

錯的

GPS訊號真的實路徑

54

天體越重，時空就越彎曲。
如果地球很重……

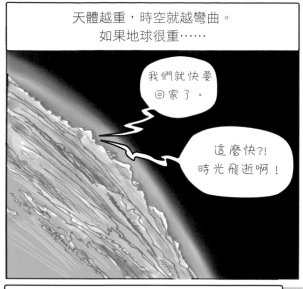

我們就快要回家了。

這麼快?!
時光飛逝啊！

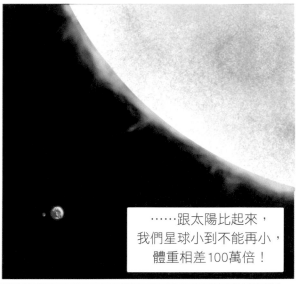

……跟太陽比起來，
我們星球小到不能再小，
體重相差100萬倍！

而太陽跟那些重100倍的恆星比起來，
也只不過是個小矮人！

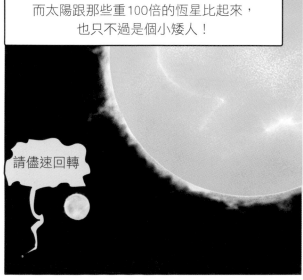

請儘速回轉

所有恆星都處於**靜力平衡**狀態。

熱核產生的熱
會向外推……

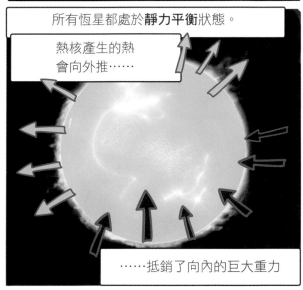

……抵銷了向內的巨大重力

但是當恆星的燃料燒盡，
平衡便會瓦解。
恆星在自身重力下會開始崩塌。

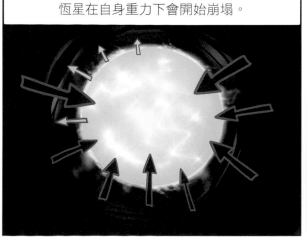

恆星向內崩塌，密度不斷增加，
導致時空越來越彎曲，
像是一顆密度逐漸增加的球，
在鬆軟的宇宙床墊上緩緩下沉。

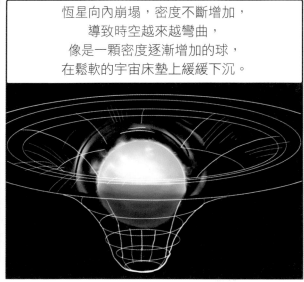

這有可能成為白矮星或中子星
這種超緻密恆星。

質量最大的會變成黑洞。
根據目前公認的理論,
這種黑洞會製造出無底的深井。

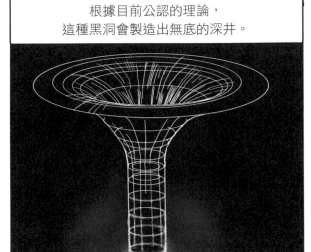

假設我們的黑洞看起來像水上的漩渦。船代表光線。
外部觀察者是看不到紅線(事件視界)之內所發生的事情的。

事件視界

在「事件視界」之外,
沒有任何東西
可以逃逸,除非
你能跑得比光還快
——但這是不可能的。

在「奇異點」:
也就是概念上無限
的時空曲線,並且
沒有底部。

光靜止、
凝固在空間
和時間之中。

光設法要逃脫黑洞
的引力。

吞 吞 吞 吞 吞 吞

哇……

嘟嘟嘟嘟嘟……

真是美！

真是絕美的
黑洞模擬啊！

嗯……
我想這是把
東西視覺化。

恕我多言，我想
我對美是有特殊感知的。
請容我自我介紹，我是
史蒂芬·霍金。

那我是
『想要靜靜釣魚
的傢伙』。

老天哪，這是
什麼日子啊。

老天只是個
抽象概念，我想
你知道的。

你可以走
慢點嗎？這張輪椅
不適合越野，我想
你知道的。

對了，
你這樣是要去
哪裡？

去看電影。
也許會去找個美麗的
海灘吃吃冰淇淋。
我還沒決定。

喀登

喀登

這是什麼怪地方啊！是某種平行世界嗎？這可是能證明艾弗列特的多重世界理論。

噢，太好了，很替他高興！

你可以幫我向艾弗列特先生打聲招呼吧！

你有聽過纏結嗎？

我想你對事情優先順序的感知也很特殊！

然後漁夫說：「但是，你說的纏結，有辦法幫我找到新的船嗎？」

蛤，「纏結」？

巴斯丁想聽到故事的結局。

嗯……看來是妳一面講一面編故事？

你比較想要：「從此王子與公主就過著幸福快樂的日子」這種結局是吧？

真是的，好啦，我就給這故事一個感性的結局好了。

這就對了！

結果漁夫找到一艘更大更漂亮的船！他邀請新朋友
史蒂芬·霍金一起去釣魚。然後他們就釣到好多好多的魚！

第五章

空無組成的世界

「下次你在想自己有多重時，請記住你大部分的重量是來自空無空間的重量。」

——物理學家李奧納多·梅洛迪諾（Leonard Mlodinow）

如果我們只用一個句子去描寫世界，這會是：「**一切都是原子**。實實在在的一切。原子是我們這個實體世界的根基。」

一切都是原子

你的大拇指

柔依

這一頁

木頭

山

磁磚

水

空氣

塵蟎哈姆特
（塵蟎寇特的兄弟）

這個⋯東西

這世界有很多原子這種說法都還太客氣。人體就是由數十億又數十億個原子所組成，後面跟著27個零！我們就是一整團的原子！

好吧，請告訴我，我們為什麼要保留這個東西？

因為這是古老的家族紀念品⋯⋯我曾曾舅公在他航海時的幸運物。

順帶一提，是你想把它帶回來的。

呃⋯⋯所以要是我們把這坨醜不拉幾的東西給扔了，它還是會帶給我們厄運⋯⋯

是你說的：「這些東西就是要放在浴室裡」⋯⋯而且你當初說的還不是「浴室」這兩個字。

你自己怪癖一堆，因為你把自己看得太『重』要了，對吧？

這顆「眼睛」就有20億個原子。

100萬個原子可以擠成只有一根頭髮這麼寬。

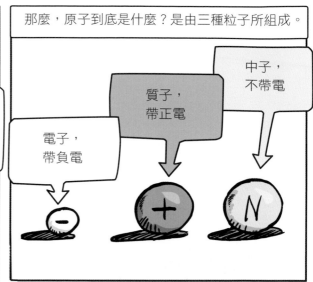

那麼，原子到底是什麼？是由三種粒子所組成。

中子，不帶電

質子，帶正電

電子，帶負電

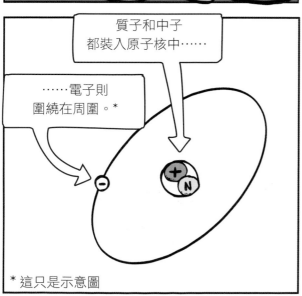

質子和中子都裝入原子核中⋯⋯

⋯⋯電子則圍繞在周圍。*

* 這只是示意圖

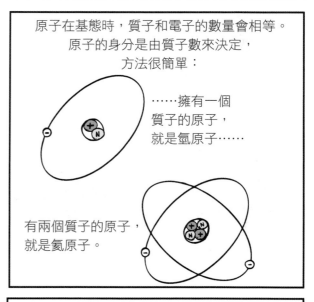

原子在基態時，質子和電子的數量會相等。原子的身分是由質子數來決定，方法很簡單：

⋯⋯擁有一個質子的原子，就是氫原子⋯⋯

有兩個質子的原子，就是氦原子。

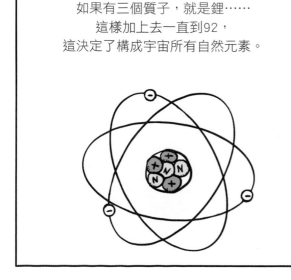

如果有三個質子，就是鋰⋯⋯
這樣加上去一直到92，
這決定了構成宇宙所有自然元素。

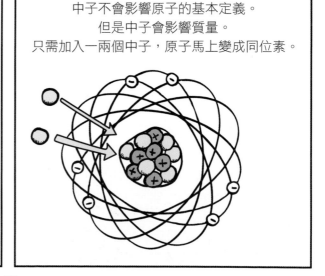

中子不會影響原子的基本定義。
但是中子會影響質量。
只需加入一兩個中子，原子馬上變成同位素。

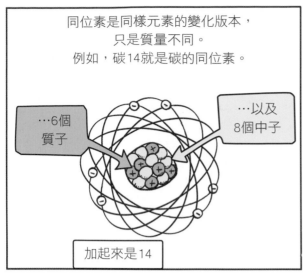

同位素是同樣元素的變化版本，
只是質量不同。
例如，碳14就是碳的同位素。

…6個
質子

…以及
8個中子

加起來是14

我們應該
要把這個東西
翻新一下。

這東西已
經老到可以進
博物館了。

嘿，
這個辦法
不錯！

今天很榮幸
在此捐贈出這個
特殊品項。

破滅！

只要我還活著
的一天，這座雕像
就不能丟。

原子最偉大的才能之一，就是連結成分子。如果原子是字母，那麼分子就是單字。
例如，一個纖維素分子——你手上這本書的主要成分——
就需要6個碳原子、10個氫原子和5個氧原子。分子式就是$C_6H_{10}O_5$。

纖維素：
$C_6H_{10}O_5$

好啦，
我繼續去準備
出門的東西。

PVC：
C_2H_3Cl

高嶺石（一種
陶土成分）：
$Al_2Si_2O_5(OH)_4$

聚對苯二甲酸
乙二酯（合成纖維）：
$(C_{10}H_8O_4)N$

木質素（木頭成
分）：$C_9H_{10}O_2$、
$C_{10}H_{12}O_3$、
$C_{11}H_{14}O_4$

柳橙汁：
水：H_2O / β-胡蘿蔔素：
$C_{40}H_{56}$ / 檸檬酸：$C_6H_8O_7$ /
菸鹼酸：$C_6H_5NO_2$
（等等……）

咖啡因：
$C_8H_{10}N_4O_2$

鹽：
$NaCl$

蔗糖：
$C_{12}H_{22}O_{11}$

再大喝一口
能量飲料。

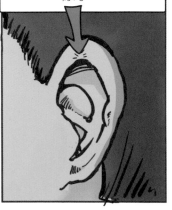

這顆H5312739028754086號氫原子（就簡稱H53好了），在130億年前誕生。
以下是從它漫長無盡的生命史中擷取而出的幾段：

138.983億年前

就像一盒令人難以置信的五彩紙屑一樣，
大霹靂吐出了氦和大量氫，
這是兩種最輕的化學元素。
其中有無數個H53就在當時出現。
今天，宇宙中十分之九的原子仍然是氫，
且都是大霹靂創生而來。

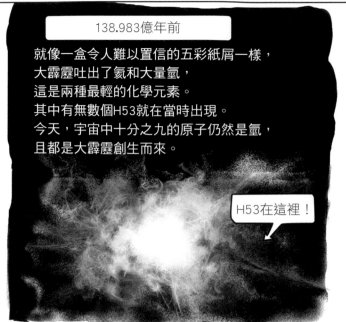

H53在這裡！

113億年前

在重力的協助下，
H53協同許多夥伴形成了原恆星：
一個巨大的工廠，
藉由融合創造出更重的新元素：
碳、氧、氮和鐵。這是恆星的核合成。

75億年前

彗星撞上仙女座中的一顆行星。
8000年後，H53成為有毒波札克的一部
分，生活在一座大冰原上。

波札克

80億年前

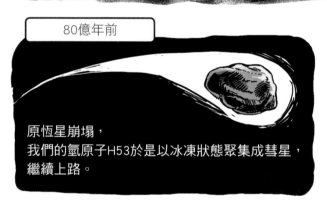

原恆星崩塌，
我們的氫原子H53於是以冰凍狀態聚集成彗星，
繼續上路。

15萬年之後，H53成為「波動者葛魯夫」無數根頭
髮中的一根，就居住在這座已經變得溫暖又綠意
盎然的大平原上。

10億年過去了，葛魯夫居住的行星遭到
鄰近超新星爆炸的摧毀。

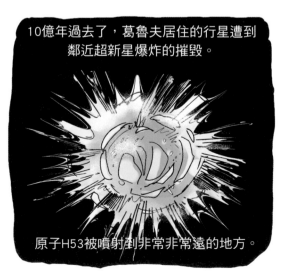

原子H53被噴射到非常非常遠的地方。

15億年前 H53隨著一團分散的物質雲歷經了50億年的旅程,進入了我們這個星系,銀河系,並抵達我們的太陽系。

H53

10億年前

這顆氫原子於前寒武紀降落在地球上。它被整合到原生動物中(最早的多細胞生物之一),並生長在疊層石這種鈣質(白堊)結構上。

又經過了好幾百萬年,H53加入了盤古大陸這顆初生地球的核心岩漿之中。

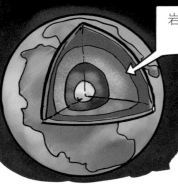

岩漿的液態核心

公元79年

原子H53從龐貝城旁的維蘇威火山噴出。

1474年3月25日

H53被母雞葛塔一口吞下……

1474年4月3日

葛塔本尊被號稱「精明者」的法國國王路易十六吃下肚。

1968年8月2日

5個世紀之後,約翰·藍儂在錄製披頭四的《白色專輯》時吸入了H53。

注意:比寬領的迪斯可裝還槽的裝扮,就是在寬領迪斯可裝下方再穿件高領衫。

數十年之後，在馬克西噗斯的馬戲場中，小丑屁夫打了個噴嚏。亞當剛好跟他8歲大的女兒露西經過，吸進了H53。

H53經過一連串細胞再生的過程，最後坐落在亞當的左耳。

僅僅由氫、碳、氮和氧四種元素，以各種方式組合起來，並不懈地循環利用，便構成了幾乎所有「活生生」的物質。我們的身體是拼湊而成，是由相同的數十億個原子不斷反覆組裝而成的。你本身就是難以置信的原子大雜燴，這些原子曾經屬於各方名人、兔子、陶器或是水果蛋糕的一部分。

2000萬個原子來自馳鹿博瑞斯（1243-1261）

8500萬個原子來自公元前1萬2000年的日本陶器

3億8000萬個原子來自巴布亞酋長昆迪亞（1543-1610）

1628年，英格蘭的法院就吃掉了2億1000萬個隸屬於皇家布丁上的原子

2億5000萬個原子來自貓王

2700萬個原子來自超現實主義的畫家達利

原子組成
大名：亞當
物種：人類
重量：80公斤

9300萬個原子來自埃及王后娜芙蒂蒂

7500萬個原子來自兔兔伊格洛特（1732-1734）

以及族繁不及備載的來源

當我們消失時，
身上的原子也會轉變成別種東西……

……成為沙粒、菇蕈、草葉、狐猴或腹足動物。

嘿～我們跑了5543步了，燃燒了528卡。

5543步?!
嘿，我正好想問你勒。

我感受到陣陣的酸意襲來。

原子擁有另一個令人困惑的屬性：
它是空的。或者說，幾乎是空的。

我們想像一下，一顆像倉庫一樣大的原子。

在這個倉庫大的原子中，原子核的大小就像……
一隻蒼蠅！剩下的空間呢？空的。
原子空洞的程度，更勝太陽系或是宇宙。

一片
空無

蒼蠅

但這個蒼蠅大的原子核
卻比這座倉庫本身重了數千倍。

倉庫20噸

蒼蠅
40萬噸

簡單來說，如果這個圖框代表整顆原子，
那麼原子的質量就集中在這個單一的緻密核內。
剩下都是……空的。

所以我們是由99.99%的空無所組成。

我們感知到的堅實感都是幻覺。
就像鞋子踩在地上。

腳和地面可以絲毫無損地穿過彼此，
一如宇宙深處的兩團星雲能彼此穿越。

或是就像在歡樂聚會中大家互扔數量稀少的五彩紙屑一樣。

因此，我們應該能夠穿越堅硬的元素，像是牆。

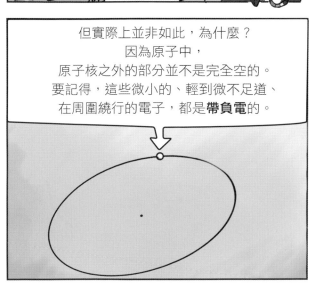

但實際上並非如此，為什麼？
因為原子中，
原子核之外的部分並不是完全空的。
要記得，這些微小的、輕到微不足道、
在周圍繞行的電子，都是**帶負電**的。

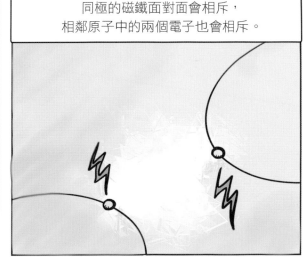

同極的磁鐵面對面會相斥，
相鄰原子中的兩個電子也會相斥。

因此物質堅硬的特性，其實就是電子的電磁互斥。
我們從來無法碰觸到東西，而是懸浮、盤旋、飄浮著。

腳並沒有真正碰到地，
而是以電磁懸浮狀態飄浮在
地面上方數十億毫米處。

真可惡
@#$%^
又有小石子

當我們坐下，
我們其實是懸浮在少於1奈米的高度上。

但情況不僅如此……我們已經知道，原子核是由質子和中子所組成。
但質子和中子又是什麼所組成的？是更小的粒子：夸克。所以，我們總結如下：

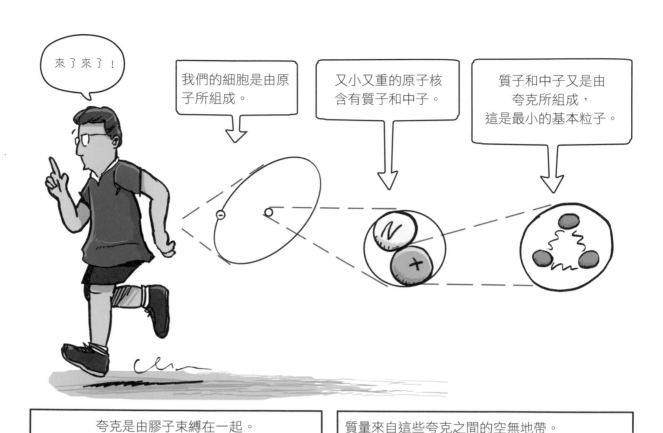

來了來了！

我們的細胞是由原子所組成。

又小又重的原子核含有質子和中子。

質子和中子又是由夸克所組成，這是最小的基本粒子。

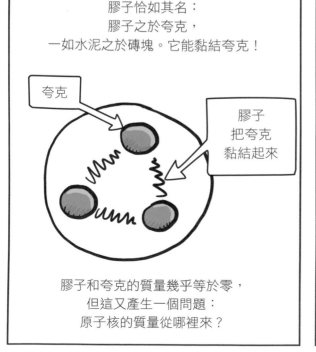

夸克是由膠子束縛在一起。
膠子恰如其名：
膠子之於夸克，
一如水泥之於磚塊。它能黏結夸克！

夸克

膠子
把夸克
黏結起來

膠子和夸克的質量幾乎等於零，
但這又產生一個問題：
原子核的質量從哪裡來？

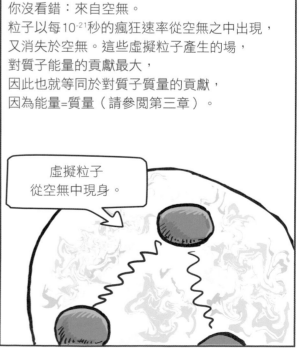

質量來自這些夸克之間的空無地帶。
你沒看錯：來自空無。
粒子以每10^{-21}秒的瘋狂速率從空無之中出現，
又消失於空無。這些虛擬粒子產生的場，
對質子能量的貢獻最大，
因此也就等同於對質子質量的貢獻，
因為能量=質量（請參閱第三章）。

虛擬粒子
從空無中現身。

真空漲落是無法被觀察到的粒子之苗圃，一如物理學家李奧納多‧梅洛迪諾（Leonard Mlodinow）所言：「波濤洶湧的粒子苗芽，從空無中孕育而生，又迅速地消失於空無之中。」我們也是由質子和中子所組成，因此我們的質量也來自於空無。

這無中生有的神祕能量，成了萬物的源頭。恆星、星系、行星，都來自於此。也許，宇宙本身就是創生自量子漲落的空無之中。我們接下來幾章還會談論這個主題。

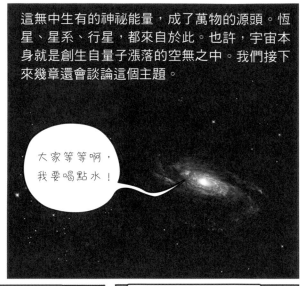

大家等等啊，我要喝點水！

讓我們回到地球……

口渴！

我們是由……

……99.99%的空無所構成。

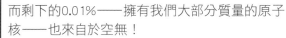

而剩下的0.01%——擁有我們大部分質量的原子核——也來自於空無！

呃……出了什麼問題？我鼻子上是什麼東西？

在20世紀初，人們首先要找出原子是否真正存在。如果存在，原子究竟是什麼模樣？
今日，我們仍然無法看見單顆原子，因為它實在太小了。
科學家當時甚至還得重度依賴想像，設想出各種原子模型，其中包括「立方原子」。
探討原子本質的學術研討會可能像是這樣……

在當時，大多數的原子模型都是「葡萄乾布丁」樣式，因為這看起來很合理：就像一顆顆電子埋在布丁裡面。

但在1909年，物理學家拉塞福（E. Rutherford）表示，原子的質量大多在非常小的原子核裡（一如我們先前所見）。

這就是「行星模型」的誕生，
周圍有電子在繞行。

啊啊啊啊啊啊

但這套模型違反了電磁定律。
當電子繞行時，會放射出光，
因此會逐漸失去能量，最後墜毀在原子核。

墜毀

喔喔喔喔喔

啊哈……
還需要稍微調
整啦……

另一個問題是輻射。不同顏色的**可見光**會以不同
波長輻射，例如紅光的波長 〰〰〰 就比
藍光 〜〜〜 來得長。

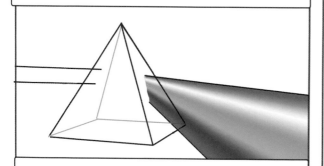

我們可以用三稜鏡來區分出可見光光譜。

既然如此，原子也會放射出可見光輻射。所
以像是氫原子的光譜，應該會顯示出彩虹般
的顏色。

啊啊啊啊啊啊

但情況卻非如此。原子的光只顯示出幾種特定
顏色，氫原子**僅僅**放射出特定波長的光，完全
沒有其他波長的光。

喔喔喔喔
喔?!

噗噗噗

氫原子此處的行為真的很荒謬。
想像一下我們的原子就是那個慢跑者。

在衛星監控下
的慢跑者。

這位慢跑者在衛星定位下只出現在幾個特定位置，其他位置則從未出現！
他會立即從一個位置變換到另一個位置，**完全不經過**任何中間地帶。簡直像在變魔術！

啵

啵

啵

啵

一種遠距傳輸。

真怪……
我的衛星路線追
蹤上有幾塊巨大
空白！

這個錶
可能有點問題！

遠距傳輸在我們的尺度上並不存在，
但在原子的尺度上，這種傳輸形式確實存在。

可惡！
故障了?!那我們要
怎麼跑啊？

科技宅宅之主啊，
請原諒這些反動的蠢蛋！
因為他們不知道自己
在說什麼。

氫只會輻射出幾種顏色的可見光譜，
因為它的電子只能在有限數量的軌道或
能階（n1、n2等）上。
它的軌道是有限的、量子化的。

……然後突然
「跳到」另一個軌道上

電子
可以消失……

……完全不會
出現在兩者之間！

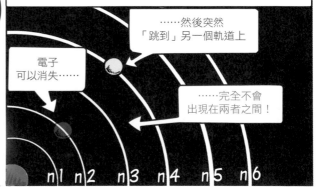

n1 n2 n3 n4 n5 n6

當電子下降到下一個軌道，
就會以光子的形式放射出電磁能量。例如⋯⋯

⋯⋯如果電子從n3跳到n2，
發出的光子就是紅色的。

如果從n4跳到n2，
光就是藍色的。

n1 n2 n3 n4 n5 n6

當電子往上升一個軌道，
就表示吸收了同等能量的光子。

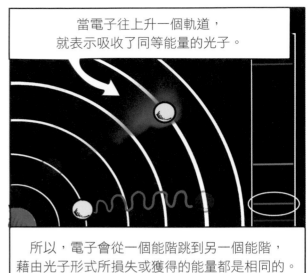

所以，電子會從一個能階跳到另一個能階，
藉由光子形式所損失或獲得的能量都是相同的。

氫原子的可見光譜只能呈現彩虹光譜中的其中四種顏色，
因為電子能從一個量子化的軌道直接跳躍到另一個軌道，無需行經軌道之間的空間。
說得更清楚些：量子躍升打破了所有古典物理學的傳統規則。
歡迎踏入全然怪異的物理之門，來到量子世界！

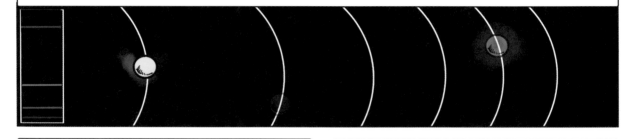

量子模型可應用到每種類型的原子。
每種原子都擁有特定的帶狀光譜。
簡單來說，我們發現得越多，
就越發現原子跟我們想得不一樣⋯⋯

今日，我們不再那麼篤定原子真正的模樣。
它也有可能像是某種電磁波高湯，
或是等等之類的。

尼爾・波耳
（Niel Bohr）

路易・德布洛依
（Louis de Broglie）

發現了電子怪異的「量
子躍升」模型

強調這些相同原子
也具備波動的面向

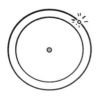

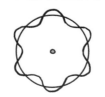

這是什麼??

這看起來更像
是⋯⋯

這看起來
是⋯⋯

一群蠓蚊？

一坨塵灰。

某種原生
藝術。

一片細小的
粒子。

沾附在糞便上
的一群蒼蠅。

一團花粉。

達達主義藝術
表現？

78

行星模型 無法滿足原子表現出的現象。但是在缺乏更好的概念下，這仍是今日最常被人們用來描繪原子的傳統模型。

一坨氣體…
呃，什麼鬼的？

一堆木屑

噗～
老實說，
這看起來什麼都不像

可以這麼說，量子力學表明，
即使是原子自身的本質也一直在變動……

……一如波浪
把自身轉變成岩石。

第六章

大自然荒謬嗎？

「現在，有人告訴你岩石就像海中的波浪……你說什麼?!」

——李奧納多・色斯金（Leonard Susskind），弦論共同創建者

在我們巨觀的真實世界裡，固體跟波是完全不同的東西。

這裡有個相關實驗：拿一顆堅實的球，從兩個狹縫其中之一丟過去。

照理來說，被球擊中的點會跟左狹縫或右狹縫位在同一條線上。

不論你扔得多準，
擊中的點一定會跟狹縫對齊。

再一個啦！

不可能打到中間區域。

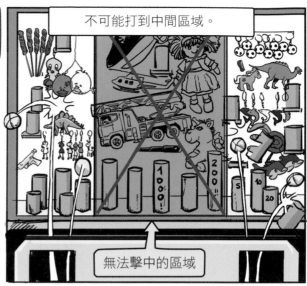

無法擊中的區域

打到中間區域獎品
的那個人……
他並不存在，對吧?!

我不懂你
在說什麼。

相較之下，
波的特性跟固體東西的特性相反。
波浪會分開、合併或變形。

讓我們重新審視雙狹縫的概念，但這次想像是水波經過。
水波行經狹縫後，會呈同心圓狀繞射而出，並不斷重新結合。

水波在穿過
狹縫之後發
生繞射……

……並在
許多地方重新
結合。

釣鴨鴨

在容器端點，
所有交織的小波都會產生一系列波峰波谷，
這被稱為干涉圖樣。

鴨鴨
只是裝飾用。

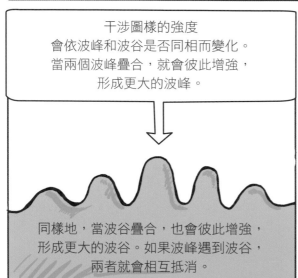

干涉圖樣的強度
會依波峰和波谷是否同相而變化。
當兩個波峰疊合，就會彼此增強，
形成更大的波峰。

同樣地，當波谷疊合，也會彼此增強，
形成更大的波谷。如果波峰遇到波谷，
兩者就會相互抵消。

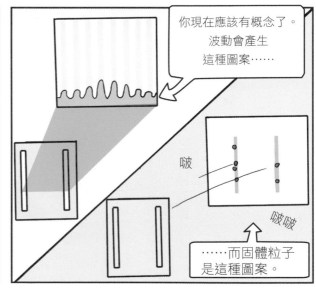

你現在應該有概念了。
波動會產生
這種圖案……

啵

啵啵

……而固體粒子
是這種圖案。

在雙狹縫實驗中，科學家湯瑪士・楊（Thomas Young）在1871年證實了光是一種波。

沒有啵?!

條紋顯示出明暗相間的線，
相當於波峰和波谷的圖樣。

五十年後，光是波的觀念已經很完整了。
但是亞瑟・康普頓（Arthur Compton）卻以
實驗證明了光的行為較接近「固體」小顆粒，
證實了光的另一種特性。

當時在設備上
已經確實改善。

康普頓效應提到，
光子撞擊到電子時會損失一些能量。
在對撞時，光子的行為是固體粒子。
愛因斯坦已經預測到這種量子的存在，
也就是光的微粒。

光子

電子彈開

啵

光子色散

所以，光究竟是波還是粒子？
實驗結果相互牴觸，科學家也意見分歧。

$$\iint f(P) \frac{e^{ikPM}}{PM} K(a) \qquad \frac{\Delta \Sigma}{\Sigma} \rightarrow 0 \ ! \qquad \Delta \lambda = \frac{4\pi\hbar}{m_e c} \sin^2 \frac{\theta}{2} \ ! \qquad \frac{d\sigma_{KN}}{d\Omega} \ ! (\alpha, \theta)$$

我們文明
解決！

接下來幾年，
有些科學家重複了雙狹縫實驗，
但這次每次只讓一顆光子經過。

這不是吹風機，
而是某種雷射。

一次只發射一枚光子，
而不是連續發射一連串光子。
每顆光子會隨機穿過左狹縫或是右狹縫。

乍看之下，這像是遊樂場擲球遊戲。
每個光子看似沿著雙狹縫擊中屏幕，
呈現平行的兩條線。這是粒子才會表現出的行為。

……但沒多久開始
出現散射的光點。

接著更奇怪的現象發生了：
光子逐漸形成干涉圖樣，這是波所展現的特徵！

在科學探索的叢林裡，這就像是衝出一隻雙頭的紫色獨角獸——這是不該存在的東西！

想像有人發射漆彈，每次一發，隨機發射……

按理說，漆彈每發只會穿過其中一個狹縫……

結果卻得到這個圖樣！

但這是不可能的！除非單一個漆彈或光子同時穿過兩個狹縫。

你看得沒錯：如果光子同時穿過左右兩個狹縫，它就是處於疊加狀態。

粒子穿過這裡……還有這裡！

在疊加的狀態下，光子開始……自我干涉！就像是兩個同心圓的波動會繞射然後交織在一起。

慢慢地，不同光子逐顆發射之後，都會出現波動的行為，並產生干涉圖樣。

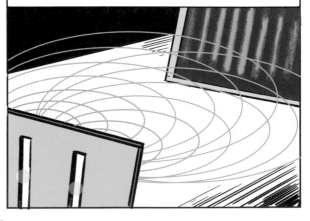

但説真的，
同時要穿過兩個狹縫是不可能的，對吧?!
我們把「光子偵測器」放置在跟狹縫等高處，
確實觀察每顆光子的行經路線。

一定有個
合理解釋。

光子一顆顆通過狹縫，並在屏幕上形成波動圖樣，就跟先前的實驗一樣。

接著打開偵測器

此時，波動的圖樣瞬間瓦解！
每個光子的行為開始變得像是一般的「球」。

每顆光子不是經過左狹縫就是右狹縫。
它們的行為已經改變……

……彷彿它們
知道有人在看！

如果再把偵測器關掉……

……光又回到波動的狀態！
光子再度回到疊加狀態，並創造出波動。*

* 在實驗室的環境中，實驗是在完全封閉且真空的系統中進行，
溫度接近絕對零度。

因此，一個光子不僅能同時通過好幾個地方而自我疊加，
一旦有人觀看還會改變行為，以粒子或物質微粒的特性來「修正」自己的表現。

無限小好像確實存在，
但要觀察到才算！

這真是
越來越荒謬了！

有這些奇怪特性的不只光子，還有原子及其組成粒子：電子、質子、中子、夸克。
事實上，微觀世界中的**所有粒子**，也就是構成我們宇宙的粒子，都有這些特性。
就連我們也是由這些粒子所構成。
諾貝爾物理獎得主理查‧費曼（Richard Feynman）寫道：「雙狹縫實驗正中量子力學的核心。」

人們可以經由雙狹縫實驗的這扇窗，
一瞥量子世界。在20世紀，
科學社群便聚焦於在日常生活世界中
無限小的、鬼魅般的視角。
沒多久，量子的更多特性也紛紛出籠了……

例如，我們不可能同時測量到粒子的某些特性，
例如速度和位置（當然還有軌跡）。

量子世界（示意圖）

這真是令人感到挫敗，
因為物理學家真的很愛測量。

這項測量無法進行，
他們給出了技術上的解釋：
一束光（數十億個光子）
絕不可能移動物體或是人……

光光光照照照 喀喇

唉嗊
嗊……

……不好意思，我的手指滑掉了！

……然而，在顯微世界中，
單一光子（光的量子，光能量的最小單位）
是能夠偏轉電子這樣的粒子的。
想一下康普頓效應。

啵

因此單一光子就能夠干擾測量。

你無法**同時**測量粒子速度和位置的想法，
稱為「測不準原理」或是「不確定原理」。

你為什麼要關燈?!

因為……
這樣我們就不會打擾到那些粒子了。

但是……
我們現在無法
觀測了……

噢……
對耶……
這真是
爛透了！

觀測就是干擾的想法，
是測不準原理的直覺解釋。
但這有可能造成誤導，
認為這是笨手笨腳的研究人員
或是儀器太差所造成。

是在說
我們嗎？

真沒禮貌！

但事實上，更精確的測量不會改變任何事情。
基本粒子永遠不會有確定的位置和速度，
因此軌跡的概念根本不存在。
我們可以測量其中一項，接著再測量另一項，
但不可能同時測量兩項。

對了，
這是什麼？

完全沒概念！這出現
在實驗室後面，我猜可
能是在測量什麼。

那麼，量子世界是怎麼運作的？
粒子都在量子場上運動。
讓我們想像一個基本款的量子場，
有小波浪在某種海洋上移動。

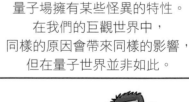

所有波峰都會均勻地向右移動：
我們可以說，這個波浪描述了一個粒子，
正以波峰移動的**速度**在移動。

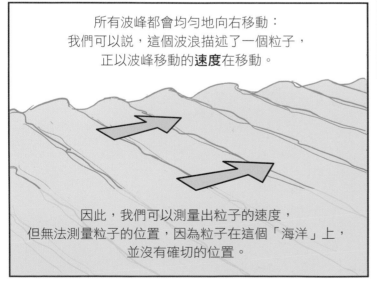

因此，我們可以測量出粒子的速度，
但無法測量粒子的位置，因為粒子在這個「海洋」上，
並沒有確切的位置。

量子場擁有某些怪異的特性。
在我們的巨觀世界中，
同樣的原因會帶來同樣的影響，
但在量子世界並非如此。

讓我們看這輛碰碰車……

如果我們知道碰碰車的速度、各個角度、
摩擦力以及所有其他影響其位置的因素……

速度2.5
公尺/秒

重量218.5
公斤

重量218.5
公斤

方向盤,
角度28度

軌道摩擦係數
風向,西南,風速
4.23公尺/秒

……我們就能夠確切知道
碰碰車在某個時間會在哪裡……

在這裡!

碎!

重量:231.8公斤
速度:2.63公尺/秒

緯度:46,850896
經度:6,848516

經由重複的實驗,在同樣條件下,
依照完全相同的參數……

我爸開得
比你好。

……我們的碰碰車也會出現在跟先前一樣
的位置上。而且結果都會一直一樣。

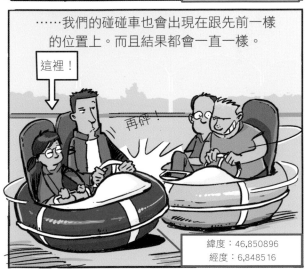

這裡!

再碎!

緯度:46,850896
經度:6,848516

這就跟丟銅板是一樣的。銅板的結果看似隨機,
但這是因為我們無法得知所有參數。
若能控制跟硬幣運動相關的數據(力道、角度、風等等),
我們就能確切預測硬幣哪一面會朝上。

正面。

那我選
反面。

噢
可惡!

啊,我
來選餐廳。

來去養生
小酒館如何?

它們已經
入侵到這裡
了嗎?

如果我們在同樣條件下重複實驗,
結果一定會是一樣的:反面。

在遊樂園裡
不吃垃圾食物,就像
是過生日不吃蛋糕!

那去素食餐廳
如何?

就像是湯姆貓身邊
沒有傑利鼠!

就像是福爾摩斯
沒有華生!

溫馨提醒:
你賭輸囉!

在無限小世界中，
機率的概念是不一樣的。
這次讓我們把碰碰車想成是粒子。

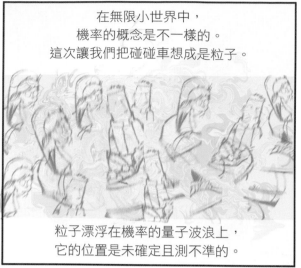

粒子漂浮在機率的量子波浪上，
它的位置是未確定且測不準的。

如果我們嘗試去觀察，這個「波動車」就會把自己定位在單一地點，就像光子在雙狹縫實驗中的情況。

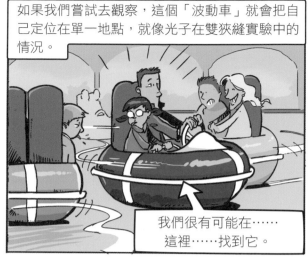

我們很有可能在⋯⋯
這裡⋯⋯找到它。

如果我們在標準嚴格的相同條件下重複實驗，我們的基本常識告訴我們，會得到同樣的結果。

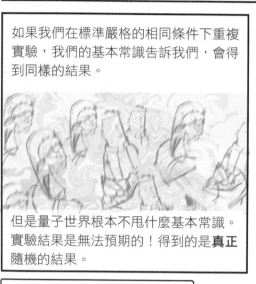

但是量子世界根本不甩什麼基本常識。
實驗結果是無法預期的！得到的是**真正**隨機的結果。

你再做一次實驗，會發現碰碰車出現在其他地方⋯⋯
像是⋯⋯這裡！

甚至還有更小的機率，
會出現在更遠的地方⋯⋯

那裡

這裡

我爸就不會害怕！

或是這裡

我還是看得到。

事實上，地球上任何地方都有可能⋯⋯

……或是在宇宙中！我們的粒子是個**機率波**，
會散布到整個太空和宇宙。
甚至還有微乎其微的機率出現在遙遠星系中。

一模一樣的初始條件，會導致不同的結果！
所以，**因果關係**在這裡沒有用處：
「因」不會導致可預測的「果」，
一切都是機率。

量子方程式說，粒子的機率波
涵蓋**所有**可能的路徑。

如果狹縫實驗中有3個狹縫，
粒子就會同時通過這3個狹縫。

如果有30個狹縫，粒子就會同
時通過這30個狹縫，因此製造
出更多干涉圖樣。

如果有3000個，就同時通過這
3000個。這個概念稱為「所有
路徑的總和」。

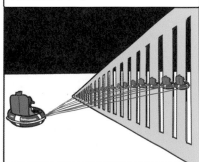

更不可思議的是，這個實驗確
切證實了這些方程式。

因此，讓我把這些機率波加到裡面充滿了位置未確定粒子的量子漩渦裡。
這些波能夠計算出我們「粒子碰碰車」出現在某個位置的機率。

機率波是數學方程式。簡單來說：「坡」越高，在那裡找到粒子的機率就越高。

我們能做的，
就是計算出粒子出現在
某個位置的機率。

一旦開始觀察粒子，
粒子出現的位置就會隨機
「挑選到」某個波：粒子
會確切出現在某個地方。

接著粒子會回到它的量子態。
它只會在某個指定的時間內
出現在這裡或那裡。

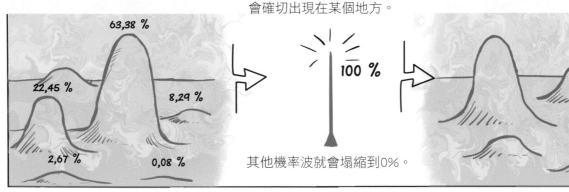

如果牛頓的蘋果是在量子世界，它未必會落下，而且也未必都在同一個地點。
蘋果會飄浮在地面上方，處於未確定的狀態，某個特定機率會落在這裡、那裡，或也許更遠處。
蘋果的位置是不可預測的，我們會在哪裡找到它，是由它來決定。

愛因斯坦寫給波耳的信中表示，
如果自然真的像這樣，那麼他寧願當個「皮匠，
甚至是賭場員工，更甚於當個物理學家」。

當粒子一受到觀測，就決定自己要下哪個注。粒子會下注在單一位置，其他所有可能的路徑則都會崩塌。接著，它會把自己固定在真實世界裡，在**所選定**的位置上。

這個現象使科學家驚歎不已：他們仍然不知道為何會發生這種現象，並且每個實驗做出來都應證了這個理論。

嘿，大家好，我在公園的另一邊找到一個很棒的小漢堡。

嗯……你們為什麼這樣盯著那顆蘋果？

我解釋說如果這顆蘋果縮小到原子尺寸，只要它沒被觀測到，它就不存在。

你是說，一顆原子、光子或是電子受到觀測之後會改變行為？

沒錯。更確切來說，是觀測令它們現身。

觀測不只是干擾被觀測的對象，還導致它的存在。

所以世界分裂成兩半：一半是我們的現實，另一半是無限小的、如果我們沒有觀測就不存在的世界？！

這正是大家的共識！嗯……至少是大多數科學家的共識。

嘿……這太荒謬了！

等等……「觀測」究竟是什麼意思？

以儀器來觀看、分析、測量粒子的位置。

瞭解，但這是技術上的觀測……還是你必須意識到自己在觀測？

95

我們知道，我們無法在不干擾實驗的情況下進行觀測……但我們是否需要意識到自己的觀測行為？

大多數科學家說，不需要……但事實上，這件事很難去證明，而且你會需要定義什麼是「意識」。

嗯

嚼 嚼嚼

題外話……有人昨天看那場比賽嗎？

阿東，快吃！

我不餓啦，媽！

呃，沒

我知道……整個觀測故事聽起來就很荒謬！確實，物理學家薛丁格為了要模擬量子詮釋，進行了一個假想實驗。他提到有隻貓「是死的又是活的」。

你的菜幾乎都沒動呢。

最好笑的是，這隻貓最後竟然成了量子力學的象徵。

薛丁格?!他的貓跟你的貓一樣嗎??

我一直以為……

嚼

……那是種波斯象棋的名字！

嚼嚼

薛丁格在1935年發明了著名的思想實驗，他用「惡名昭彰」來描述這隻貓。實驗解釋如下：首先，把一隻貓放入箱子裡。

這個簡單。

箱子上方是以雙狹縫實驗原理做出的機關。這次，雙狹縫連結到兩個密閉的盒子。

這是綠色的

這是紅色的

稍帶放射性的原子射入兩個盒子：
這個原子就跟其他粒子一樣，
以波的形式射入（我們正慢慢習慣這個概念）。

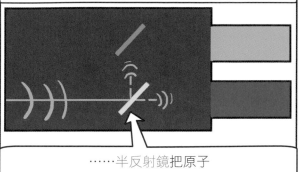

……半反射鏡把原子
分成兩個一樣的波浪包。
任何波都能分開並偏折。

50%的波打到半反射鏡之後偏折，
再經由「一般」鏡面射往綠盒子。

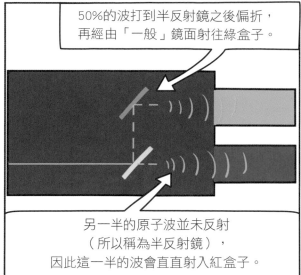

另一半的原子波並未反射
（所以稱為半反射鏡），
因此這一半的波會直直射入紅盒子。

把波一分為二
是實驗室封閉系統中的標準作法。
這完全等效於我們先前看到的雙狹縫實驗。

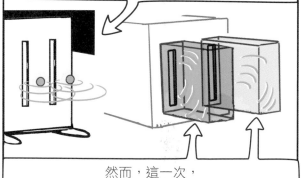

然而，這一次，
每個半波都受困於各自的盒子內並且來回反彈。

如果我們嘗試要偵測波的位置，
原子有50%的機率是位於無害的綠盒子裡。

……但也有50%的機率是在
紅盒子裡，裡面裝著蓋革計
數器。倘若原子出現在此，
放射性原子便會啟動機關，
讓砝碼落下。

砝碼砸碎毒氣瓶，
便會釋放出致死氣體。

請記得，量子物理告訴我們，
一個原子只要沒被觀測，就是處於**疊加**狀態。
也就是原子會以測不準的狀態
同時占據綠色**和**紅盒子。

唯有打開箱子，
偵測器才會啟動。

因此，只要我們不打開箱子，
這隻貓也就同時處於死掉**和**活著的狀態！
——這也是這個實驗最古怪之處。

一隻又死又活的貓。沒人看過這種東西！
而這就是薛丁格要談論的重點：
量子力學的這種詮釋，一定有哪裡出錯。

喵～嗚……

這個思想實驗真切地帶來了幾個問題。
首先，為什麼**巨觀**和**可見**的世界……

……並不受制於同樣的規則呢？

我們是由數十億個微觀粒子所組成。
所以，為何發生在原子尺度的事情，不會發生在我們的尺度呢？
還有，這個無限小的世界以及這個可見的巨觀「正常」世界，分界在哪裡？

確實，量子理論無法在微觀和可見世界之間畫出一條界線。
任何「事物」都能發現自己處在疊加狀態中，人類也不例外。

實情是，我們的疊加狀態消失的速度飛快。
與外界隔絕的**單一**實驗室光子，在**一致**的真空環境中的量子疊加，都已經夠脆弱了。

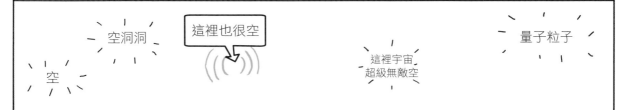

但請你想像數十億個粒子交互作用之後的混亂景象入侵了我們生氣蓬勃的現實世界！
我們實驗室中的光子，最後就像是隱士突然闖進巴西嘉年華盛會：一臉驚嚇！

實驗室光子無法從驚嚇中反應過來：光子獨自面對這個生氣蓬勃的環境時，
它的波幾乎是瞬間崩塌。這個現象稱為**去同調**。量子態的相關資訊似乎會持續注入巨觀環境，
展現出某種**永遠的觀測者**的行為：疊加狀態中止，接著我們波濤洶湧的（去同調的）環境，
會讓量子粒子固定在某個狀態，成為現實。

然而，去同調無法解釋量子現象中的怪異行為，尤其是其隨機的面向。
此外，去同調並未告訴我們微觀世界和巨觀可見世界的分隔線。

近來的實驗顯示，
無限小其實會不斷增長。
我們在最後一章就會看到。

去同調也無法解釋
量子力學與時間的特有關係。

要記得，
時間的「彈性」是由狹義相對論來描述的（第二章）。
但是量子實驗卻展現出同樣怪異的一面
（雖然你可能已經見怪不怪了……）

我們已經在不自覺中
自我疊加了，所以……

現在幾點？

我們還有時間
可以多騎幾趟。

該死！
你那個什麼什麼素業力的
色彩療法對馬克斯有用嗎？
我的襯衫髒了！

真的假的？
是怎麼了嗎？

第七章

未來決定過去

年輕博士:「很高興跟你聊天。或許我們還能在未來某個時候相遇。」
長博士:「或是過去某個時候。」

——電影《回到未來2》對白,勞勃·辛密克斯導演,1989。

「延遲選擇」的實驗，證明了時間與量子力學之間的奇特關係。
這其實是雙狹縫實驗的一個版本，只是額外增加了幾個簡單的元素。

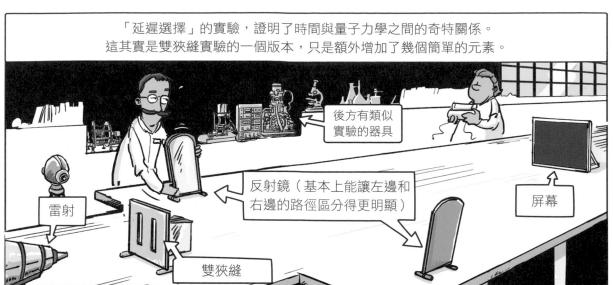

後方有類似
實驗的器具

反射鏡（基本上能讓左邊和
右邊的路徑區分得更明顯）

屏幕

雷射

雙狹縫

記得我們之前的實驗：
只要開啟狹縫上方的偵測器，粒子波就會崩塌，
粒子就會固定下來，在現實中成為物質顆粒
（也就是那個「啵」一聲的效應）。

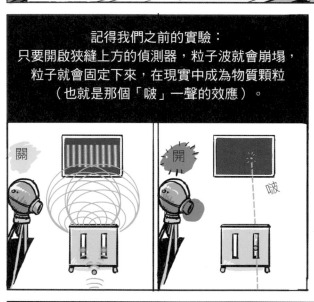

關

開

啵

這一次，
讓我們把偵測器放在狹縫跟干涉屏幕之間，
就位於光子左右兩邊路徑上。

所有裝置就定位了。光子一顆顆射出。
重要的是，偵測器目前是關閉的。
讓我們一步步進行：

④ 波動匯聚
並在屏幕上
產生干涉圖樣

③ 偵測器
關閉狀態

① 光子以波的形式
通過雙狹縫

② 鏡面的設置能分開
左邊和右邊的路徑

104

讓我們跟著編號72583的光子前進。
它先穿過雙狹縫，然後兵分兩路，
以疊加狀態奔向屏幕。

關閉

就在光子幾乎要抵達
靜止不動的偵測器之前

碰！偵測器在最後一刻開啟了。
編號72583光子被偵測到。
假設這次光子是走左邊路徑。

啵

開啟

粒子波崩塌了，干涉停止。
粒子選擇了一條路徑，
另一條路徑的或然率就是零，就消失了。

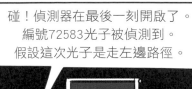

不過有些地方
怪怪的。我們
再看一次……

① 不可觀測的光子以波的形式
同時穿過雙狹縫
（此時可在屏幕
上看到干涉圖樣，
偵測器關）。

② 偵測器突然啟動。
左邊路徑上偵測到光子。

③ 右邊路徑上
什麼都沒有。

啵

但是！在步驟 ① ，
光子確實穿過了
右狹縫……

……而稍後沒多久，在步驟 ③ ，同一顆
光子卻告訴我們，它從來沒有經過右邊那
條路?!

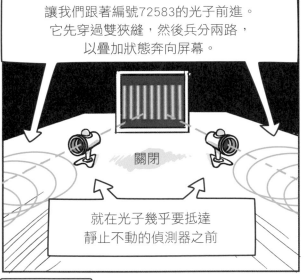

真是不可思議！這就像是某種時光倒流：
觀測者的選擇能決定光子在過去要經過哪個狹縫，在這裡是經過左狹縫。

時光倒流，
兩個……

……是受未來所影
響，也就是觀測者
的測量！

時間之箭

在過去光子所
經過的狹縫和
路徑……

彷彿光子已經倒轉時間，
回到狹縫之前，
要去選擇經過哪條路徑。

105

還記得，當光子穿過狹縫時，偵測器尚未開啟。
對此，物理學家布萊恩·格林恩解釋：
「事情彷彿是光子在過去可以根據我們選擇打開或關閉偵測器，來調整自己的行為。」

對光子而言，
我們能否知道它要走的路徑，
似乎很重要。它會根據我們的行為
調整自己的行為！

順帶一提：
我們只能使用一個
偵測器……

只需出現在這裡，
就足以讓粒子波
崩塌。

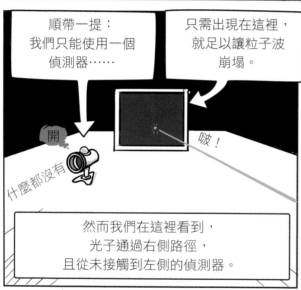

然而我們在這裡看到，
光子通過右側路徑，
且從未接觸到左側的偵測器。

更令人疑惑的是：
且讓我們把某種干擾儀器連接到這個偵測器。
我們可以把干擾器放得遠遠的，
甚至很遠很遠。

到過
南極嗎？

它的任務是消除偵測器所得到的訊息。
因此也抹除得知光子
會行經哪條路徑的所有可能。

猜猜怎麼樣？當干擾器一打開，
波就重新現身。彷彿光子「知道」我們不再能
確定它的位置了。

所以，即使是從遠處無實質接觸的方式間接測量，光子、電子、中子等粒子
似乎不僅知道我們是否看著它們，還能猜測觀測者的隱藏意圖，
顯示出一種**逆因果關係**，並且讓未來決定過去。

滿瘋狂的，對吧？

那麼……下一班公車什麼時候會來？

什麼是「公車」？

你又為什麼穿著睡衣？

為了實際說明
延遲選擇的迷人含義……

……讓我們離開實驗室，
以及他們的奈秒……

……讓我們想像
這個小巴斯丁是顆粒子。

沙坑區

他來到了旋轉木馬區。
這情況就像是分離器，跟雙狹縫一樣。

小巴斯丁可以走左側，也可以走右側。
或是，像個粒子一樣，
他會疊加在左右兩邊路徑。

剩下的群體，就在路徑的尾端：他們會是未來的觀察者。

只要巴斯丁尚未被觀測到，他就是在未確定的狀態，並且完全不會留下任何蹤跡。

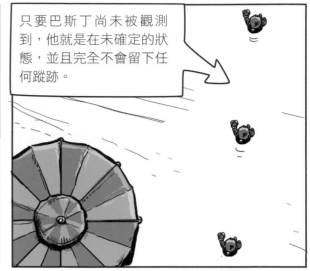

他的腳印，以及融化冰淇淋所滴在沙地上的痕跡……

……只有在這個情況下會現身：當巴斯丁光子……

被觀測到（此處是右邊路徑）。意思是，在他經過之後就會現身。

嘔，你在這裡?!我還以為你跟希爾伯特在一起呢！

觀測不僅能創造現實，還能書寫出符合這個現實的故事。

過去似乎由未來決定！

看，巴斯丁，世界可以被分成兩部分：從冰淇淋甜筒底部開始吃的人……

……以及直接把腳踩上去的人！

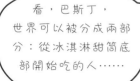

讓我們在時間尺度上再退一步，以一種不太可能、令人迷惑的遊戲，我們稱之為……量子桶挑戰！

?!?……這就是我所說的，技能知識的行銷！

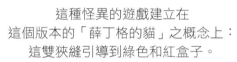

這種怪異的遊戲建立在這個版本的「薛丁格的貓」之概念上：這雙狹縫引導到綠色和紅盒子。

再次強調，綠盒子是無害的。

我們進去吧？

然而，紅盒子裡面有……

……一個光子偵測器

……連結到一個翻轉機關。

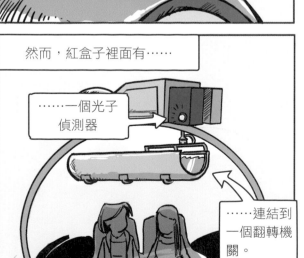

如果偵測到光子，翻桶就會翻轉，裡面的橘色油漆會整桶傾瀉而下。這個顏料不會沾黏在你身上太久，15分鐘後就會消失。

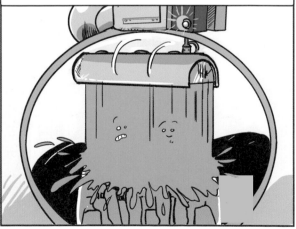

啟程吧！目前偵測器是關閉的。
粒子波已經穿越了雙狹縫，
並以未確定的狀態，關閉在**兩個**盒子裡。

為了進行觀察，我們可以選擇等待。
反正波困在盒子裡，
我們想等多久就等多久。

像是，可以等個好幾分鐘。

15分鐘過去了：現在，我們把偵測器打開。
光子離開了它的未確定量子態，
固定在某個位置上。是在紅盒子裡嗎？
還是綠盒子？……是紅的！

所以柔依跟露西在浸泡了好幾加崙的
油漆之後，門開了。

神奇的是，她們出來之後身上已經沒有任何顏料了。

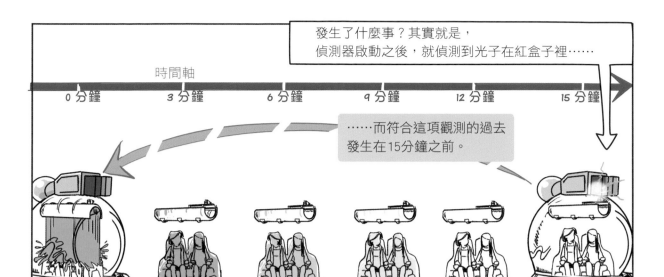

發生了什麼事？其實就是，偵測器啟動之後，就偵測到光子在紅盒子裡……

時間軸

0 分鐘　　3 分鐘　　6 分鐘　　9 分鐘　　12 分鐘　　15 分鐘

……而符合這項觀測的過去發生在15分鐘之前。

這表示15分鐘前，翻桶確實傾斜翻倒了。但在這段時間當中，在柔依跟露西身上的顏料足以乾掉並且消失。

同樣的道理也可以應用在薛丁格的貓上。想像這隻貓被關在箱子內，這次關了……8小時！現在，驗屍官打開了箱子，機關啟動。結果是：原子被發現在致死的紅盒子裡。

驗屍官會記下，牠不是箱子打開的當下觸動死亡機關而死，而是……在8小時之前！

根據量子力學，這顆原子似乎創造出符合當下觀測的過去。*

* 本漫畫沒有導致任何貓隻受虐。

111

讓我們更進一步。在1970年代，物理學家約翰·惠勒（John Wheeler）想像了延遲選擇實驗的終極版本：星系間延遲！本實驗基本配備：在宇宙遠端的一顆類星體、一個大質量星系，以及我們地球。這三樣東西完全對齊在一直線上。

❷ 星系會根據自身重量（參見52頁）偏折光子。行進路徑會經過星系的上方或下方，機率各占50%，就像雙狹縫。

❸ 在地球，一旦望遠鏡觀測到光子，光子就會決定要走哪條路徑，上或下？這時波動會崩塌。

❶ 數十億光年外，一顆類星體發送出光子。

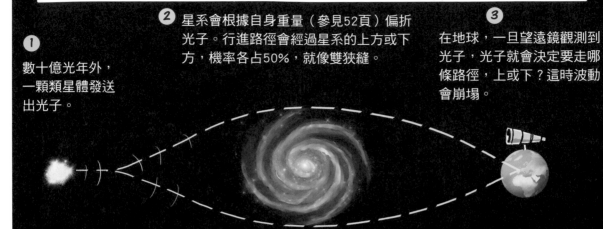

問題：那麼，光子走哪條路徑？
我們同意，光子在數十億年前，就決定好要經過星系的上方或下方。這可是早於地球上任何一種生命形式！然而，直到我們今天以望遠鏡來觀測之前，這個事件並沒有真正發生！這整整數十億年，光子都處於模糊的機率狀態。

因此，過去似乎仰賴於現在，但是現在是否會改變過去？
是的，但是並非傳統意義下的改變。我們必須擴展我們的觀點，並且不再把過去視為單一軸線上的特定事件，因為根據量子物理，過去以及未來都是尚未決定的。過去是由許多可能的故事軸線所組成，但只有一條軸線能夠成為現實。

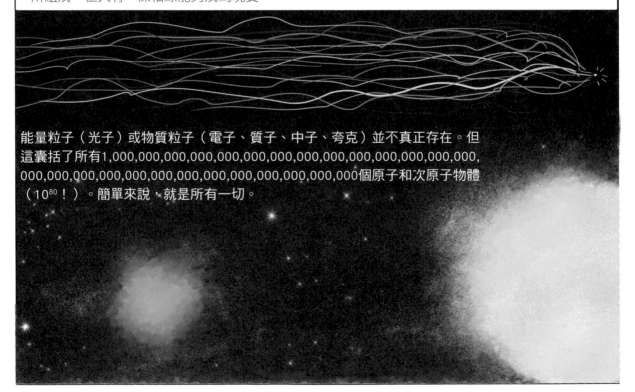

能量粒子（光子）或物質粒子（電子、質子、中子、夸克）並不真正存在。但這囊括了所有1,000,000,000,000,000,000,000,000,000,000,000,000,000,000,000,000,000,000,000,000,000,000,000,000,000,000,000,000,000,000,000個原子和次原子物體（10^{80}！）。簡單來說，就是所有一切。

根據量子理論，只有被觀測到的東西才是真正存在的。

霍金認為，宇宙沒有單一過去：
「過去沒有確切的形式，意味著你在現下系統中所觀測到的，
會影響到過去。」

從我們這個真實的觀點來看，我們這些觀測者是沒辦法移除的。
我們的世界遵從量子定律更勝於牛頓或馬克士威的古典定律。
我們知道，今日，這些古典定律都只是近似。

時間在無限小的尺度下似乎缺席了。

但要是時間不存在於粒子的世界裡，
又是如何在我們的尺度中冒出來的？
尤其當時間是宇宙中
所有物質和能量的基本組件。

哪個世界是躲在我們的感知之外的?是否有個真實存在的世界是沒有時間的?

那空間呢?

你可以把那個針織桌墊放在浴室的小雕像下,如何?

嘿 嘿 嘿

可以把那三聲嘿嘿嘿收回嗎?

第八章

空間存在嗎？

「看在老天的分上，兩個空間〔…〕之間要怎麼知道發生什麼事？
相關性〔…〕似乎來自時空之外。」

——尼可拉斯・吉辛（Nicolas Gisin），量子纏結和密碼學專家

看到這個命運之輪了嗎？讓我們想像一下，
每轉一次，它的表現就像顆粒子，例如電子好了……欸，好吧，像顆巨大……無敵大的粒子。

試一把，
大獎小獎等你來拿！

有我們偉大的
家用機器人！

有令你驚喜
的禮物！

還有很多
很多包的肥皂喔！
（嘆氣）

命運之輪開始轉動，
並且呈現一片模糊的不確定狀態。
它製造出光學上的錯覺而處於疊加狀態：
同時是粉紅色又是黃色。
有點像是薛丁格的貓，同時是死的又是活的。

當輪子停止，它就把自己固定在某個現實，
就像粒子被觀測之後的情況。

結果是……
8號粉紅色！

粉紅8！
一位胖女士！

一位
胖女士？

（再嘆氣）
至少在賓果遊戲廳，
我不必穿著這身可笑
的……東西工作。

你是在
說什麼？

這個男的頭上為什麼
戴著這麼好笑
的泳帽？

噓……

（再嘆氣）

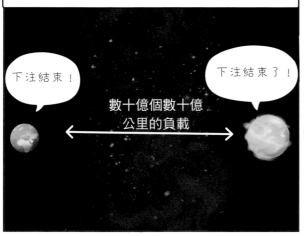

令人驚異的是，行星上的轉輪每轉一圈，都與遙遠另一個轉輪的結果完全相反。

這兩個轉輪粒子呈現某種倒反的舞步。每次的「觀察」都會產生同步完美的結果。

在可能的無限次旋轉之後，兩者之間會有系統性的連結。

我們這兩個命運之輪，確實就跟兩個粒子一樣，只要相碰之後，
彼此之後就會有千絲萬縷的牽掛：纏結。即使相距離數十億公里。

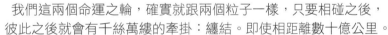

兩顆粒子相碰，
接著分開……

……會持續纏結。

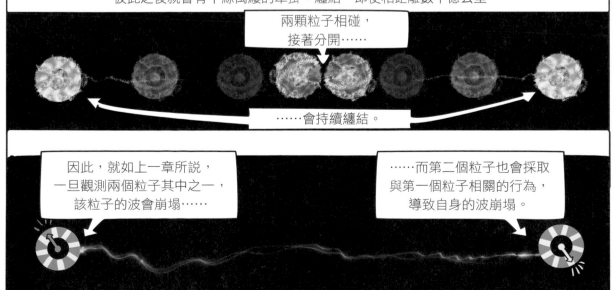

因此，就如上一章所說，
一旦觀測兩個粒子其中之一，
該粒子的波會崩塌……

……而第二個粒子也會採取
與第一個粒子相關的行為，
導致自身的波崩塌。

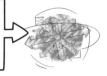

不可見的世界，纏結會作用在電子的自旋上，
自旋電子的自旋軸則會同時在所有可能的方向移動！
（量子物理真是怪到讓人無力）

以特定角度觀測之後，
自旋方向就會固定在
「上」或「下」。

在這同時，該電子的孿生手
足則會相應固定在反方向的
自旋，就跟命運之輪一樣。

在光子甚至所有原子身上，也都測量到纏結現象。
事實上，任何粒子都可以纏結。粒子的不同特性，
如自旋、極化、速度、能量或是位置，都能纏結。

所有原子都能連結。

兩個纏結的光子
會有同樣的極化性
（沿著相同的方向）。

位置也能纏結。
像是這個粒子，
從正中央往左下角移動……

……其纏結粒子
也會出現同樣動作！

事實上，我們的粒子（姑且稱之為艾莉絲與鮑伯）
或許也會開始跳踢踏舞。這件事沒什麼好訝異的。真正讓人摸不著頭腦的是，
當一個物體被觀測了，不論這兩者相差有多遠，另一個物體都會立即有反應。

而這帶給我們
一個大問題。

問題在哪裡？量子理論説，一處的觀測能影響另一處的系統狀態，
即使兩處相隔一個宇宙遠。但這怎麼可能發生？
即使是以光速來傳遞單一位元的資訊，都要走數十億年。

那要怎麼達成⋯⋯？從遠處經由某些神祕的「鬼魅般的作用」嗎？
這會違背狹義相對論所説，沒有東西能走得比光更快的定理！（參見第一章）

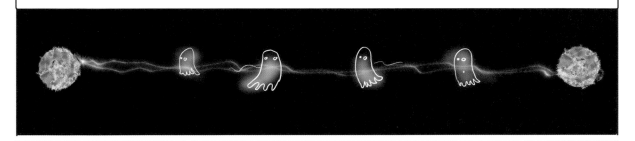

愛因斯坦十分抗拒這個「鬼魅般的作用」的概念。
他認為，如果這種作用看似存在，也只是因為量子理論的敘述不完整。他的假設十分簡單：

如果對
一個物體的觀測⋯⋯

揭露了另一個物體的特性，
那麼，那個物體
一定一直都具有這個特性。

轟轟轟

該死！他有祕密武器！

簡單來説：這兩個粒子的特性從一開始就整合在一起了，
就像是有左手套就意味著也有右手套，不論我們是否有觀測到。

無訊息傳遞

嘶嘶嘶⋯⋯

這是1935年，
愛因斯坦已經56歲。

粒子行為因此會遵循「局域隱變數理論」。「局域」是指它們在粒子分離之前就已經存在。「隱」意味著尚未被人類科學發現。簡單來說，這是一種工業機密……

大自然在最開始的時候，就已經在這兩個東西之間形成了未知的連結。這個機制不論相距多遠都會運作。

根據愛因斯坦，粒子之間不會傳遞訊息。它們掩蓋了一個祕密機制，未來某天科學會發現的某種協調程式，讓量子理論能夠完整。

這個祕密程式是否真的存在？例如，這會表示
電子A和B的自旋在它們處在未確定狀態下就已經確定了，
即使我們尚未測量。證明方法如下……

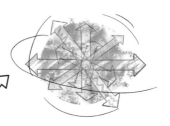

請記得，從特定角度觀測一顆電子，會促使電子的自旋方向固定下來：
向上（此處為粉紅）或向下（黃）。我們一次只能測量一個角度：

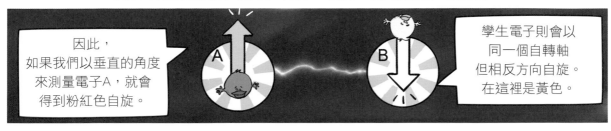

因此，
如果我們以垂直的角度
來測量電子A，就會
得到粉紅色自旋。

孿生電子則會以
同一個自轉軸
但相反方向自旋。
在這裡是黃色。

自旋方向會視觀測角度
而改變。如果這次是從
水平角度觀測，
電子A可能會顯示出
黃色自旋。

因此，當你從
同樣的角度來測量，
纏結電子每次都是
相反的自旋方向。

它的孿生電子
會再次顯示出相反的自旋。

好啦，
觀測者也屬於這
程式的一部分，
是吧？

問題是：這些數值是在觀測之前就存在的嗎？
結果是，一位富有創意的物理學家約翰·貝爾（John Bell）建立了某種統計學遊戲。
主要的想法就是從兩種不同角度來觀測纏結的電子，
並且記錄相反結果（粉紅或黃）的頻率。讓我們來看……

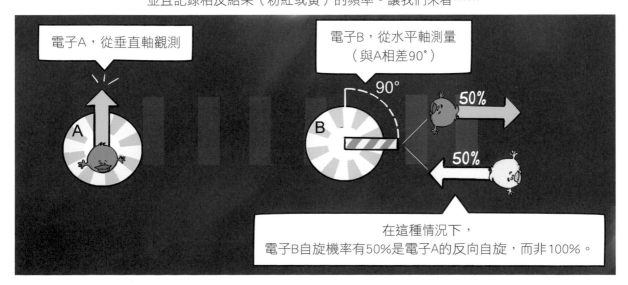

電子A，從垂直軸觀測

電子B，從水平軸測量
（與A相差90°）

90°

50%

50%

在這種情況下，
電子B自旋機率有50%是電子A的反向自旋，而非100%。

電子A，同樣從垂直軸觀測。

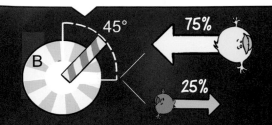

電子B，從45°軸觀測：現在它的自旋軸向
最多有3/4（75%）的機率會是電子A的反向自旋。

45°

75%

25%

諸如「x ≤ 3/4」這樣的數學不等式*（也就是貝爾不等式），
提到當A和B之間相差45°，兩者的自旋軸向會相反的機率最多是3/4，
不會更多！這裡的計算包含所有可能的組合。理論上，75%因此會是數學上的絕對限制。

但是這個限制實際上是可以違反的：在實驗室中測得兩
個纏結粒子有相同結果的比率上升到85%！無論做得多
麼精密，基於「局域隱變數理論」所建造出的程式都無
法做到這一點。

因此，「局域變數」並不存在！這裡沒有任何「確定」
的特性：粒子在被測量的當下就選擇了這些特性，並且
能遠距相互影響。

啊……
我們來看看
……
有問題嗎？

這有點像是
把五顆球放在入標示
為「A」的箱子裡，
假設裡面有三顆是粉紅色的。

沒多久，你把球取出……
發現粉紅色的球變成四顆。
這表示有一顆球自行變色了！
這件事沒有數學邏輯可以解釋。

還有：
你發現「B」箱裡
也發生了同樣的事。

因此，非局域相關性能把纏結的粒子連結起來。
我們可以用「跳舞的」電子來描繪這個概念：也就是相距數十億公里的艾莉絲和鮑伯電子。

假裝你還沒有觀測到他們：
他們正在未確定狀態中揮手。

* 倘若「x=3/4是等式」，「x ≤ 3/4就是不等式」。
就是這麼簡單。

現在，碰！你觀測到艾莉絲！
她的樣子像這樣……

砰！幾十億公里之外，在同一時間，
鮑伯複製了她的行為。

艾莉絲並沒有發送「帽子—手杖」這個密碼給鮑伯，鮑伯也沒有傳送任何訊息給艾莉絲。
根據物理學家尼可拉斯·吉辛（Nicolas Gisin）的說法，事情是這樣的：
相距甚遠的艾莉絲和鮑伯共同產生一個同時在兩側實現的密碼。

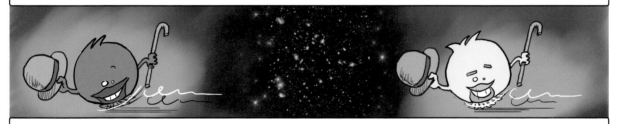

愛因斯坦在一件事上是對的：粒子不會傳遞訊息。
在這個意義上，量子纏結就不會與狹義相對論發生衝突。但他對其餘部分的解釋就錯了：
用來解釋兩者相關性的局域變數並不存在。量子物體是以「非局域」的方式綁定在一起。
很好。但這仍然無法回答這個問題：這些可惡的粒子是如何一起同步的?!

對於科學社群來說，
這個案例就如法國人在七月盛夏的蔚藍海岸還穿著高領那樣令人費解。
但實情遠比這還令人沮喪。

有人提出數學上的解答。

寫寫　擦擦擦　寫寫　擦擦擦

？　!?

主要的想法是，並不存在「遠距的兩個相連粒子」，只存在「單一整體」。這兩個纏結的物體不應該分開思考。

本質上，
這沒有解決任何
問題⋯⋯不過這多少
令人覺得寬心。

這要怎麼運作？嗯，在我們可見的世界，
整體就是部分的總和。
每個物體都坐落在單一位置。
即使它們加總起來，每個物體仍保留其分離性。

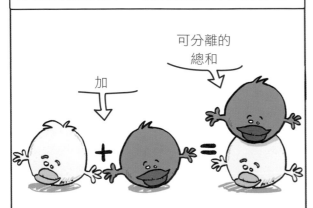

可分離的
總和

加

每個例子都適用⋯⋯

你應該懂了吧。

128

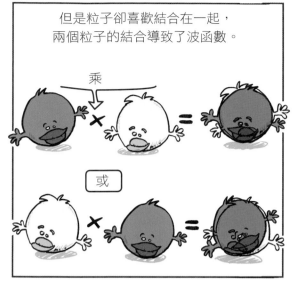

但是粒子卻喜歡結合在一起，
兩個粒子的結合導致了波函數。

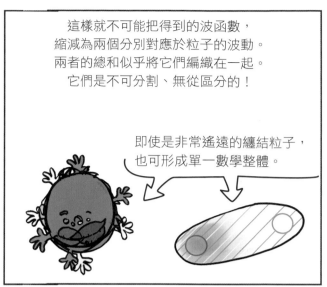

這樣就不可能把得到的波函數，
縮減為兩個分別對應於粒子的波動。
兩者的總和似乎將它們編織在一起。
它們是不可分割、無從區分的！

即使是非常遙遠的纏結粒子，
也可形成單一數學整體。

時至今日，還沒有人能夠解釋粒子要如何在沒有傳遞資訊的情況下遠距「相連」。
這種連結確實像是來自時空之外，因此，
非局域相關性也可以加入已經夠怪異的量子現象遊行行列。

有些理論建議某種時間的關如所帶來的「逆因果關係」（見107頁）。
或是或許可能會有「超光速」速度。但事實是，到目前為止，沒有人找到絲毫線索。

獲得諾貝爾獎提名的以色列物理學家亞基爾‧艾隆諾夫（Yakir Aharonov）說，
科學家在解決這個非局域相關性的問題時，最主要的做法就是「想也不想」。

纏結的奧祕不僅是實驗室中的玩意……

我們的宇宙也像是個釀製出纏結的巨大茶壺。

粒子只需簡單碰觸就能夠連結：
例如，兩個相鄰的氫原子。
記得那古老美好的H53氫原子嗎？
75億年之前，它就存在於仙女座。

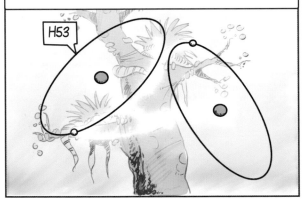

H53當時是葛魯夫頭髮上的一顆原子，它剛好就位在另一顆氫原子H903487640938985113旁邊，姑且稱之為「H90」。

當超新星爆破了葛魯夫所在的星球，氫原子H90與H53自此分道揚鑣。

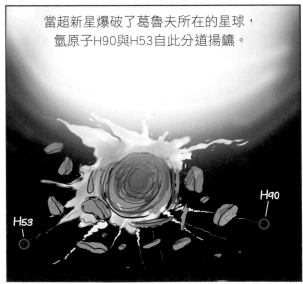

H53飛往地球，
而H90漫遊在太空之中數十億年，
最後降落在……茲格摩星。
（宇宙真小啊……）

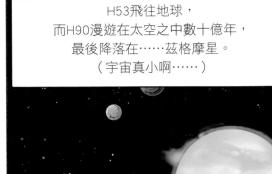

H90首先融化於原生蔬菜之中。

數十億年之後，H90成為我們南方古猿露西的一分子。（在茲格摩，這是已演化為兩棲動物的一個分支）

……接著，它又一度成為軟體動物血肉的一部分。

最終，H90成為了這隻「格摩茲茲伐拉龜龜頭」的脖子。

一旦量子物體相互作用，它們就會永遠處於纏結狀態。
即便是經過數十萬又數十萬年，H90和H53的波函數仍舊會是不可分割的。

所以，發生在這個原子身上的事……

H53

……會「影響」另一個原子。

H90

我們會談論兩個量子物體之間的纏結。事實上，
好幾個物體都能纏結起來，並且即時交互作用。就像是一整個原子……

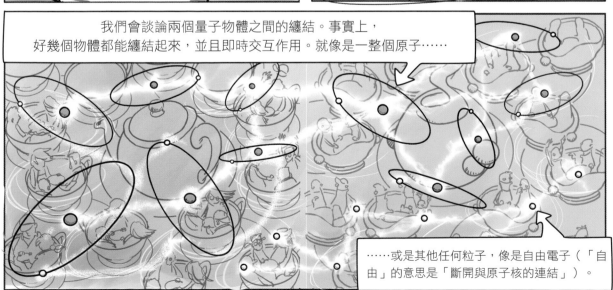

……或是其他任何粒子，像是自由電子（「自由」的意思是「斷開與原子核的連結」）。

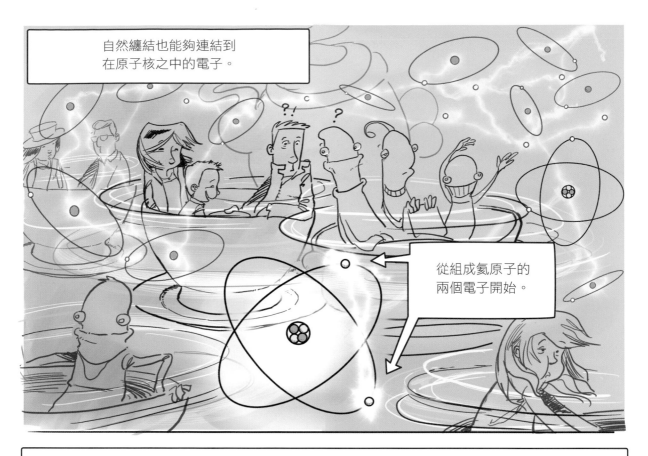

自然纏結也能夠連結到
在原子核之中的電子。

從組成氦原子的
兩個電子開始。

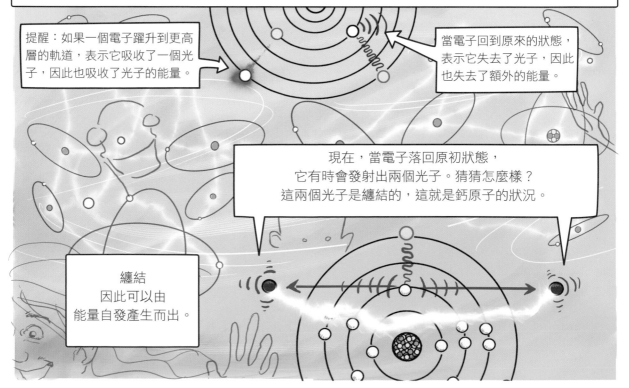

但事情還沒結束。還記得：在原子內部，電子可以從一個軌道躍遷至另一個軌道。
但躍遷時電子會得到或失去光子，也就是電磁能量的量子（參見77-78頁）。

提醒：如果一個電子躍升到更高
層的軌道，表示它吸收了一個光
子，因此也吸收了光子的能量。

當電子回到原來的狀態，
表示它失去了光子，因此
也失去了額外的能量。

現在，當電子落回原初狀態，
它有時會發射出兩個光子。猜猜怎麼樣？
這兩個光子是纏結的，這就是鈣原子的狀況。

纏結
因此可以由
能量自發產生而出。

簡單來説，纏結就跟佛羅里達沼澤中的蚊子一樣常見。
科學家過去和現在都努力想要一窺纏結的奧祕，但只感到暈頭轉向。

近來，
有人認為纏結是光合作用的一部分。
光子之雨擊中葉綠素的電子，
紅色和藍色的電磁輻射被吸收了。

感謝這些輻射，電子吞吃了大量光子，
增加了能量，足以讓自己脫離最外層
的原子軌道。現在它們自由了。

葉綠素
$C_{55}H_{72}N_4Mg$

這些吃足能量的電子會被整合到複雜的生物化
學鏈中。但首先，它們得從分子和「橋」的迷
宮中航行而出，抵達反應中心。

現在，這些電子是在疊加並纏結的狀態中前
進。它們同時行走迷宮中的各條路徑，以免
浪費時間和能量。

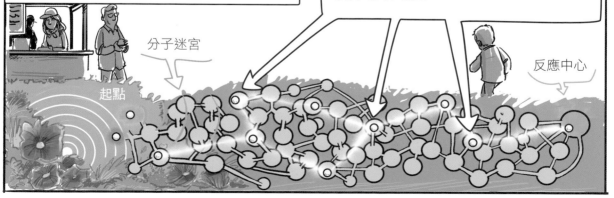

分子迷宮

起點

反應中心

其他一些量子效應可能具有重要的生物學作用，例如細胞呼吸，
這是通過食物獲得的能量供應鏈，是生命的基礎。但是，我們對此的瞭解仍然很少。

我們得說，量子生物學領域大部分還是尚未開拓，我們甚至連灘頭堡都還沒攻下。
但有件事情是確定的：我們整個世界很可能都是以纏結聯繫在一起，
也就是物質（質子/中子/電子）和能量（光子）。

這裡真是
爛透了。

布丁中的迷霧

「大自然是由基本事件會發生在時空之內的量子場所構成。這世界很怪，卻很簡單。」

——卡洛‧羅維理（Carlo Rovelli），「環圈量子重力理論」共同創建者

空無。我們的世界，實際上是一片空無。

再看仔細一點。現在看到了嗎？「空無」與「無」不盡相同。

請記住，真空裡面有無休止的量子漲落：
虛粒子來自空無，並且僅存在於奈瞬間。

這些都只是奈瞬間，卻已足以把能量
（因此也就是質量）給予原子。
但原子本身大部分都是空的，
像是空無中的泡沫。物質就是運動中的空無。

這個空無一直與光子共舞著，
是可見和不可見光的承載者。
想像有個活生生的原子夾具，
能量就在此消耗和創生。
光子和電子仍持續互相轉換著。

這個物質與能量之間的瘋狂舞步無所不在，
不受任何限制和規範。
這是未決定的波。

宇宙是一片模糊的雲霧，是量子場內在時空中移動的機率波。

波動一旦被觀測，就會瞬間崩塌，成為物理上的「真實」，
固定成為物質和量子能量。這彷彿像是觀測者創造了真實。

所以，世界是因為「被觀測」而存在嗎？
這聽來很瘋狂，但我們必須認真看待這個想法。

一切都只是場、能量和運動。

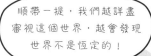

順帶一提，我們越詳盡審視這個世界，越會發現世界不是恆定的！

舉例來說，看看這塊石頭。

這個嗎？

!? ?

這看起來恆定到不出汁。

我看也是這樣。

如果說這世界上有任何真實恆定的東西，那就是這塊石頭了。

但這其實是幻覺！如果我們能觀測到內部結構，就會看到無盡的量子漲落，也就是一連串的基本過程。

一塊石頭不過是一串很長很長很長很長的過程！這是一種能暫時保存其結構的量子震動。

理論能應用的對象，從無限小的東西越來越大。科學家在數十年前，
幾乎還無法在接近絕對零度（攝氏-273度）的真空中追蹤兩個電子。

隨著時間流逝，人類可以成功疊加或是纏結的物體已經越來越大。

……甚至是肉眼可見的物體，例如極度微小的水晶。
因此，去同調這種導致量子波動自然崩塌現象的極限，又再推進了一步……

……能作用在更大、更溫暖的物體上！
量子實驗已經能在「潮溼而吵鬧」這種接近生命所需的環境中進行。
這為量子生物學開啟了寬廣的前景。在這個階段，薛丁格的大肥貓是由數千顆原子所構成……

……這隻貓依舊又野又難以捉摸，
但我們越來越接近了。即使尺寸還差得遠，
但是已經接近這個知名悖論的精神了。

在過去一個世紀，科學家有史以來第一遭為我們稍微掀起「真實面紗」的一角。

帳篷的營釘嗎？我以為這種石器時代的東西已經停產了。

嗯……我可能是在石器時代就買的。

嗯，我懂了，看來你也不是什麼都行。

看好了，學著點。

變！

太神奇了！你真是魔術師啊！

這特技值得你來一罐啤酒！

首先，我們得去收集一些柴火，才能度過今晚。

還有，別靠你的骨董帳篷太近，有可能被閃電打到。

近來，科學進程能與柏拉圖洞穴的比喻相比擬。
哲學家描述人們終其一生被迫在洞穴中，背對火光而坐。他們唯一的視界就是面前的一堵牆。

我們的感官知覺就像是在洞穴中的人類，
真實對他們來說……

……只是由投射在面前
石壁上的影子建構而成。

如果其中有些人走出洞穴，就能看到世界的原貌。
但他們要如何跟其他人解釋「樹木」、「河流」或「天空」呢？那些人又會相信嗎？

嘿，希爾伯特！
你的量子場排想要全
熟還是半熟？？

人類開始想要走出洞穴。我們的知識開始從地平線起飛，
迎向那無垠的無限大與無限小。

哎呀！
別烤太久。

這些發現迫使哲學家從根本上重新思考他們對這個古老問題的看法：
存在是什麼？我們現在知道，時間、空間、能量和物質並不像表面所看到的那樣。
這是一步巨大的躍進！

因此我們知道世界不是什麼。但我們並不太確定世界是什麼。
值得注意的是，相對論物理學（無限大）和量子力學（無限小）所基於的原理顯然是互相矛盾的。
引力再次成了絆腳石。

重力的相對論「鬆弛」時空版，
遵循古典的因果決定論邏輯。
它的世界是連續的，
而不是量子斷續的。

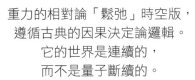

相較而言，
量子力學是隨意且非決定論的。
它的真實是不連續的，
以微小的量子和無質量的粒子所構成。
因此它壓根扯不上重力。

科學家為了要克服這項矛盾，開始尋找科學界的聖杯：
一統量子重力的理論。目前主要的候選理論有二——

我左手邊這個：超弦理論。
這個理論建立在
十個維度之上，
而不是三個！

你看起來有
點蒼白。

蛤？

在我右手邊這個：
環圈量子重力理論。

但是問題在於，我們如何才能構想
出所需的七個新維度：它的宇宙看
上去有點像是變裝歌舞秀明星的衣
櫃。而到目前為止，還沒有人發現
它們的任何蹤跡（是維度的蹤跡，
不是衣櫃的蹤跡）。

根據這個理論，
時空是顆粒性的，
也就是說是由量子所構成，
就跟能量和物質一樣。
世界因此是完全由量子場所構成。

在所有這些假設和問題之中，有幾件事情是確定的。
實驗顯示，構成這個世界的所有粒子的行為，都彷彿時間和空間並不存在。
這像是有另一個領域，一個超越時空的領域，滲透到我們的真實。

抬高唷！用力唷！聖地安娜……

我們的宇宙似乎和我們一起被裝在一個盒子裡。這是個不錯的大盒子，但說到底仍然只是個盒子，受到另一個真實（一個「終極」真實）的控制。

我們的盒子宇宙充滿了某種凝膠。
要記住，我們的時空是會擺動的、搖晃的、彎曲的。

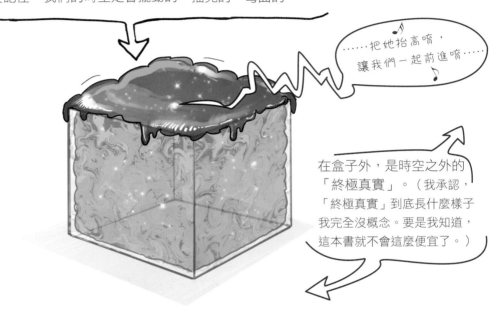

……把她抬高唷，
讓我們一起前進唷……

在盒子外，是時空之外的「終極真實」。（我承認，「終極真實」到底長什麼樣子我完全沒概念。要是我知道，這本書就不會這麼便宜了。）

這個時空布丁塞滿了量子場、能量以及粒子雲。
裡面沒有東西是固定的，沒有東西是固著不變的。

噗通

……前進唷，聖地安娜！
抬高唷，用力唷
讓我們一起前進唷……

簡單來說，我們住在一個假的世界裡。
這個世界在130億年前，從大霹靂開始……

大霹靂之前有東西嗎？有另一個盒子？幾個盒子？
這些盒子有不同類型的維度嗎？時間和空間有可能是只會出現在大尺度的量子場嗎？
宇宙本身是量子的還是概率的？是因為有我們的觀察，
而從數十億個可能的時間軸中隨機凝固而出嗎？
科學家正認真考慮所有這些選擇。

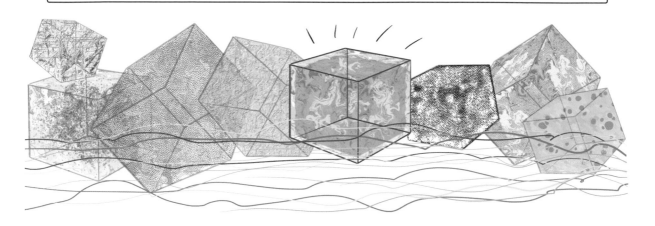

也許，這個終極真實的關鍵是在過去就設定的。
倘若如此，我們很幸運，這表示我們能夠解密！記住，光是永恆的。
光從宇宙的盡頭而來，歷經了130億年的旅程沒有任何折損，因此它是遙遠過去的快照。

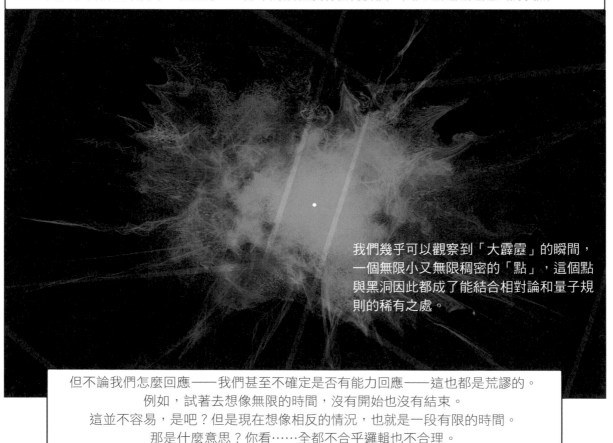

我們幾乎可以觀察到「大霹靂」的瞬間，
一個無限小又無限稠密的「點」，這個點
與黑洞因此都成了能結合相對論和量子規
則的稀有之處。

但不論我們怎麼回應——我們甚至不確定是否有能力回應——這也都是荒謬的。
例如，試著去想像無限的時間，沒有開始也沒有結束。
這並不容易，是吧？但是現在想像相反的情況，也就是一段有限的時間。
那是什麼意思？你看……全都不合乎邏輯也不合理。

我們為什麼一定要「做」什麼？何不好好凝視著天空呢？這真是個美好的早晨哪！

呼~

好吧……等到每個人都有好好起床……

哈哈哈……喔耶！那……我們也可以看著菇菇長大囉！

喔，原來妳不是在說笑喔？

從垂直方向去看世界實在很怪。

我想知道，如果我們這樣直直往上走，一直走到宇宙的盡頭……

……會發現什麼？

結束

詞彙表

以下名詞依照書中出現順序。

時間的定義？（P. 13）

狹義相對論認為，時間涵蓋了過去、現在和未來。因此，宇宙的每個瞬間都是平等的。英國數學家羅傑·潘洛斯（Roger Penrose）寫道：「如果我們遵循相對論，只會得到一個不會流動的靜態四維時空。也就是時間跟空間一樣不會流動。」

糟糕！時間不流動了，該怎麼辦？令人驚訝的是，唯一能區分過去與未來的物理定律是「熵」的原理（從熱變冷的過程，而且絕不會逆向），也就是自然往無序狀態前進。過去與未來的分界，都由這個原理來決定，如：在杯子裡隨時間融化的冰塊。愛因斯坦將時間視為「頑固持續的幻覺」。在量子物理學中，時間彷彿從實驗中缺席，像是根本就不在測量範圍內。時間是否形成了所謂的「塊宇宙」（Block Universe）？有人認為是。迴圈量子重力論中，

在這裡的，並非時間。R. Magritte繪製

時間被整合到量子場。從根本上來說，時間變量也許是屬於擴散的動態場域。物理學家卡洛·羅維理（Carlo Rovelli）在《時間的秩序》（*The Order of Time*）中寫道：「時間的躍變、持續的波動，都只能在相互作用中實現，並且無從在最小的尺度下進行定義。」

美國作家丹·佛克（Dan Falk）為了進一步釐清這點，在《探索時間之謎：從天文曆法、牛頓力學到愛因斯坦相對論》（*In Search of Time: Journeys Along a Curious Dimension*）中，增加了採訪專家的內容。他得到的結論是什麼？他略帶失望地說：「在與眾多科學家討論之後，大家對時間的唯一共識似乎是……它跟我們所認為的並不一樣。」

時空膨脹（P. 14-15）

物理學家勞倫斯·克勞斯（Lawrence M. Krauss）說：「時空膨脹是相對於我們所觀看的移動物體而變慢的時間，這相當真實且每天都在地球上發生。」

在本書的單車騎士例子裡，時間變慢是相對的，因為騎車的人不會注意到時間的變化，並主張自己可以使用超精密手錶測量這些數據。我們能夠把單車騎士的手錶「連接」到不動的時鐘，以測量出這種暫時的時空膨脹。等到他回來，便會發現自己的手錶比不動的時鐘慢了幾奈秒（秒）。

相對論的另一項影響是慣性質量（Inertial mass）的增加。隨著速度增加，物體移動一定會需要更多能量（參見「$E = mc^2$」）。

最後，狹義相對論還告訴我們，速度會壓扁平行移動的物體（其他方向不會）。換句話說，一具由「不動的」外部觀察者觀看的超快火箭，火箭看似會變得扁平，如同被老虎鉗夾碎的物體。騎單車也是這種情況……只是你必須快速踩著踏板，而且要踩得宇宙無敵霹靂超級快。

雙胞胎悖論 （P. 18）

科學家對狹義相對論毫無爭議，但對狹義相對論的解釋卻是爭論不休，甚至連描述也是。法國物理學家保羅・朗之萬（Paul Langevin）在1911年交給愛因斯坦一份插圖，上面畫的正是著名的雙胞胎悖論。故事講述一對雙胞胎兄弟，一名留在地球，另一名則搭上火箭以接近光速進行了一趟旅行。假設

地球上的時間過了30年後，雙胞胎旅行者回來了。根據狹義相對論，他的時間比留在地球上的兄弟流逝得慢。姑且假定因為火箭的神奇速度，讓他的時間只過了3年，而不是30年。

第一個公開的解說是：狹義相對論方程式表示，每個雙胞胎在各自的慣性坐標系中所過的時間是一樣的（其中時間是相同的、空間是

相似的，速度則為零或以等加速度直線運動前進）。雙胞胎旅行者的時鐘所走的速度，和地球上兄弟的時鐘一樣。部分科學家因此認為，「移動時時間會**相對**變慢」的說法是錯的。

然而，從地球上來看，雙胞胎旅行者的時鐘確實走得比留在地球上的兄弟的時鐘慢。相對於留在地球上的人過了30年，雙胞胎旅行者只過了3年。根據愛因斯坦原理，返家的雙胞胎旅行者會比他的兄弟還年輕。請注意，自愛因斯坦以來，已有超過50種關於雙胞胎悖論的解釋！有些理論家區分固有時間與生理時間，認為雙胞胎旅行者在**生物學**上並不比他的兄弟年輕。但這在科學上沒有達成共識。

最後，要注意朗之萬的雙胞胎悖論從一開始就強調了對稱悖論。確實，從相反的角度來看，高速移動的可以是地球，而不是火箭。因此，雙胞胎的兩人都能感覺到他們正在快速遠離彼此，而要相較於另一人才會顯得「青春煥發」。相對論所預測的效應中，的確具有對稱性原理。但是這種悖論只有在此才如此明顯：是搭乘火箭的雙胞胎旅行者青春永駐。雙胞胎不可能持續以直線和等速運動，必須加速或減速。此外，為了回到起點，他在某處轉了180度，改變了坐標系。簡單來說：被倒轉的是他。地球上的雙胞胎留在單一的坐標系中。第24頁提到的哈斐勒—基亭實驗（Hafele-Keating experiment），其結果進一步顯示：是火箭裡的原子鐘變慢了，而非留在地面上的那一個。

$E = mc^2\cdots$ 或$m = E/c^2$（P. 37）

根據動能的古典計算公式，質量為m的物體以速度v運動，將會產生$E=\frac{1}{2}mv^2$的動能。而$E=mc^2$這個公式提供了關於物體與能量的另一面向：存在於其質量中的能量。我們可以用原子蛻變來闡明質量與能量之間的等價關係。如果在核反應（核分裂或核融合）中，質量m消失，就會釋放出mc^2的能量。相反地，如果一個物體在反應中吸收了能量E，那麼物體質量就會增加E/c^2。

$E=mc^2$或$m=E/c^2$，實際上是物體在靜止狀態，或以比光速c慢的速度來移動時的簡化公式。對於移動速度接近c的物體，計算公式就直接跟相對論有關了。正如我們所看到的，這明確說明了時間和空間是一體兩面，並且會根據觀察者而變化（特別是觀察者的移動速度）。連接時間和空間，等同於利用數學家赫爾曼·閔考斯基（Hermann Minkowski）定義的四維空間（三個空間與一個時間）。在這個四維空間中，無論觀察者的觀點為何，所謂的勞侖茲變換（Lorentz transformation）都會保留兩事件之間的時空間距。通常這個變換會簡短地標記為希臘字母γ，而$\gamma = 1/\sqrt{1-v^2/c^2}$。而正是由於勞侖茲的關係，我們才計算出本書中

第23至24頁所引起的時間擴張。

這還讓我們得以區分靜止質量（M_0）以及與運動相關的物體質量（M_r）。愛因斯坦方程式中的質量（$m=E/c^2$）於是變為相對論性質量（也就是E/c^2）$=m_0/\sqrt{1-v^2/c^2}$。這個方程式告訴我們什麼？質量會隨著物體的速度而增加。物體質量會隨著速度而增加的觀念受到廣泛使用，包括理察·費曼（Richard Feynman）和史蒂芬·霍金（Stephen Hawking）。但這個觀念也成了混亂的根源，因為這表示運動中的物體會在它的「不變質量」中獲得物質的量——簡直是在胡言亂語。如果真是如此，那麼不斷加速的物體，質量（物質的量）也會跟著一直增加，於是該物體的引力也會一直增加，增加到它變成黑洞為止。然而事實並非如此。

不過，同樣物體在慣性系統中會獲得更多質量：隨著速度增加，慣性質量也會越來越大，因此也會需要更多能量來推動它加速。但是，請記住能量等於質量。物體要趨近光速，慣性質量就會趨近無限大，因此也會需要趨近無限大的能量才推得動。實際上，相對論性質量還有一個名稱：能量。

「不變質量」，不能變啊……啊啊啊……別變太多啊！

放射性 （P. 39）

　　放射性通常來自原子核中的質子和中子數量不平衡（氘除外）。因此，不穩定的原子會釋放能量（放射性），直到恢復穩定。半衰期是其中一半的原子找到平衡所需的時間。放射性無處不在。大約自50億年前地球形成以來，物質便是由穩定元素和不穩定的放射性元素所組成。從那時起，由於許多放射性原子基本上已轉變為穩定元素，物質的放射性因而逐漸下降。目前只有約20個「**原始放射性核種**」（這種原子在自然狀態下具有不穩定的放射性原子核），其中的主要元素是鉀，在香蕉中含量尤其多，以及來自鈾238、鈾235和釷232的三個放射性家族。這些放射性元素存在於空氣、土壤、水，以及包括人在內的生物裡。

　　1896年，法國物理學家亨利・貝克勒（Henri Becquerel）因為把一塊空白的感光板與含磷光物質的鈾鹽存放在同一個抽屜裡，而意外發現了物質的放射性。鈾鹽一直維持在避光狀況下，幾天後，這塊感光板出現了輻射的痕跡，這才讓物理學家意識到這種輻射是由鈾鹽所發出。

香蕉中的鉀是原始放射性核種。

阿爾伯特・愛因斯坦 （P. 49-50）

　　一般都認為愛因斯坦是個壞學生。這個想法有個優點：讓那些學習困難兒童的父母得到一些救贖、一點希望。但令人遺憾的是，這對壞學生不是個好消息，因為愛因斯坦實際上是非常好的學生。如果他在學校覺得無聊，那是因為他太天才了。愛因斯坦小時候收到一本代數書籍，他不但把題目都做完，甚至還發明了自己的畢達哥拉斯定理證明。後來，儘管愛因斯坦的數學技能遠高於一般人的平均水準，卻仍遭受專業數學家的羞辱（注：讓我們坦白地說，「平均」真是個令人討厭的東西）。與愛因斯坦同時代的偉大數學家大衛・希伯特（David Hilbert）寫道：「哥廷根大學街上的任何人都比愛因斯坦更瞭解四維空間幾何。儘管如此，完成廣義相對論的卻是愛

愛因斯坦，
你現在知道自以為是
牛頓的下場了吧！

相對論出自笨小孩的大腦。這些人這下可要倒大楣了，因為後來的物理學家加來道雄（Michio Kaku）在《愛因斯坦的宇宙》（*Einstein's Cosmos: How Albert Einstein's Vision Transformed Our Understanding of Space and Time*）中諷刺說：「歷史學家仍然記得這些人的唯一原因，是他們發表的那些毫無用處的長篇大論。」

不幸的是，對於愛因斯坦日益增加的欽佩，也激起更見不得人、更危險的仇恨。這些仇恨穿著黑衣前來。早在1920年代，德國的反猶太人敵意就開始與科學武器相結合。愛因斯坦感到生命受威脅，於是在1930年代初決定逃往美國。

即使到現在，愛因斯坦令人難以置信的直覺仍使我們驚奇不已。1916年，他預測了重力波的存在。根據廣義相對論，一如電磁波（可見光、無線電波、X射線等）是由加速的帶電粒子產生的，重力波也是由加速的質量產生，在真空狀態下以光速傳播。這些重力波的存在也獲得證實——就在2016年，愛因斯坦提出預測的100年之後！就連愛因斯坦所說的「人生最大錯誤」——預測出靜態宇宙的「宇宙常數」——現在似乎也不是什麼錯誤了：這個宇宙常數可以解釋部分的暗能量奧祕。

因斯坦，而不是那些數學家。」這是向愛因斯坦天才般的直覺致敬的最好方式了。

即便是愛因斯坦的理論也有人提出批評，有時砲火還甚為猛烈。其中，哥倫比亞大學教授查爾斯・蓮恩・普爾（Charles Lane Poor）就認為，相對論純粹是「心理學推論」，並指出愛因斯坦的分析給人一種「和愛麗絲夢遊在仙境並與瘋狂帽客喝茶」的印象。另一位科學家喬治・弗朗西斯・吉列（George Francis Gillette）則認為，

GPS 和時空彎曲（P. 53）

GPS衛星繞行在地球軌道上，其內部設備須考慮時空曲率。若在GPS導航系統中忽略廣義相對論，所導致的誤差將以每天約10公里的速度累積！

1970年代在安裝GPS衛星時，物理學家就向負責該計畫的軍方表示，衛星上時鐘的行走速度，會比地面時鐘快。儘管相對論獲得證實已超過半世紀，這些將領卻仍不太相信，因而半信半疑地測試了兩個系統。結果一個被修正，一個沒有。物理學家羅維理開心地寫下他的觀察：「結果你猜發生了什麼事？」

原子週期表（P. 63）

所有的原子都可以在門得列夫的週期表中找到，這表格是以俄羅斯科學家命名的。他根據原子序（即原子核中所含的質子數）來分類元素，這個數字決定原子的化學特性。

因此，在自然狀態下存在92種原子。另外26種是由人類所創造，經由粒子加速器撞擊得出，像是日內瓦的歐洲核子研究組織（European Organization for Nuclear Research，CERN）那台粒

子加速器。就拿元素113來說吧！這是鋅（Zn）與鉍（Bi）對撞得出的。這兩個原子的質子數分別為83和30，總和起來產生了元素113，即鉨（Nh）。所謂的超鈾元素——原子序大於鈾（U）的92——大多數的衰變期最多是數分鐘，最少則是數毫秒。超鈾元素的質子數和中子數並非最佳比例，因此會造成原子破裂，導致特性不穩定。

普朗克常數 （P. 78）

1900年，德國研究人員馬克斯・普朗克（Max Planck）發現，能量並不像古典力學所預測的那樣連續傳遞，而是以包裹、量子形式不連續地傳送。 能量並不像古典力學所預測的那樣連續發生。

技巧，即可解決理論上趨於無窮大的輻射問題。

然而，量子確實存在。提出量子躍遷的尼爾斯・波耳（Niels Bohr）也將普朗克開創性的研究成果，應用到原子身上。他採用了常數h，並證明了電子的角動量（也就是繞著原子核的「旋轉」——不過電子並非真的在原子核周圍繞行就是了）是$h/2\pi$的整數倍。$h/2\pi$一數經常出現在量子力學中，所以我們給他這個特定符號：$\hbar$，讀作「h-bar」，即簡化的普朗克常數。

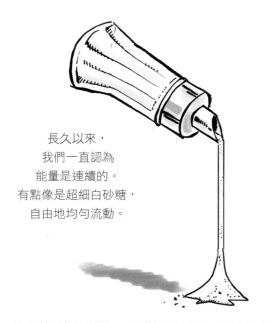

長久以來，
我們一直認為
能量是連續的。
有點像是超細白砂糖，
自由地均勻流動。

普朗克指出，
能量傳遞實際上是
透過微小「碎塊」接
力完成的，
也就是「量子」。
普朗克常數h等同
於一個「碎塊」，
即一個量子。

普朗克引入常數h或作用量子，以描述頻率為f的振子可具有最小能量E的量。這個$E=hf$的公式是能量的「畫素」，低於這個量就不能運作。普朗克最初認為，只要發明一個簡單的數學

所有路徑的總和（P. 93）

　　美國物理學家理察‧費曼將量子機率描述為「所有路徑的總和」（又稱「路徑總和」或「歷史總和」）。這個想法是粒子（例如電子）透過許多可能的無限路徑傳播。這些路徑中，每一條都有一定的發生機率。費曼將所有機率加起來，產生平均值，即機率振幅。

　　取一個粒子，讓它從A點移動到B點，它將遵循**所有**可能的路徑前進。在這些無窮無盡的路徑中，有一條路徑會穿越仙女座星系的冰巨小行星XRtz536，還有的會越過塔博尼奧萊梅勒斯（Tabornio-les-Meules）村莊、夏威夷海灘、茲格摩行星，或在杜馬汀家的地底搖滾音樂會。我們給予路徑的所有可能性一個數字，然後再給每個數字一個計算的虛數單位。這是一種數學技巧，可避免得到趨近無窮大的答案，之後再刪除這個虛數單位。就是這樣！雖然實際上比這複雜得多，但原理就是這樣。

　　電子真的會這樣走過每一條路嗎？物理學家不知道。儘管如此，這方法仍然有效：感謝費曼和這些平均值，物理學家可以準確地預測在某處發現粒子的機率。

160

量子意識 （P. 95-96）

有意識的觀察是否必然導致波函數崩塌？大多數科學家都清楚回答：「不」。但也有人認為這樣就定案有點太快了。

因此，諾貝爾物理學獎得主尤金・維格納（Eugene Wigner）認為，隨著量子力學的出現，「在不考慮意識的情況下，是不可能以完全一致的方式制定出量子力學定律。」在法國，物理學家暨哲學家伯納德・戴斯帕納（Bernard d'Espagnat）提出了**隱藏的真實**的相關概念，他這樣寫道：「認為構成世界的物體的存在並不受人類意識所影響，這與量子力學以及由經驗建立的事實相衝突。」英國數學家羅傑・彭羅斯（Roger Penrose）則與美國人史都華・哈默洛夫（Stuart Hameroff）共同發展了一種理論，認為意識是從微管裡的量子同調中產生的，而微管是我們身體細胞（包括神經元）中的微小蛋白質管。但是沒有任何實驗，也沒有任何人可以支持這一理論。

因此，意識問題仍然懸而未決：我們不知道它來自何處，甚至不知道它為何出現。從根本上來說，生物和無生物之間沒有差別，所以我們的意識和雪鏟是由完全相同的特定元素所組成。可以肯定的是，鏟子永遠不會回答這個問題。我們的話，或許回答得了。

薛丁格的貓 （P. 96-98）

奧地利物理學家歐文·薛丁格（Erwin Schrödinger）曾在1935年提出這樣的思想實驗：一隻貓被關在一個可能具有致命機關的盒子中，在打開前，這隻貓可能同時是活著的也是死的。這個想法是為了回應量子實驗中的明顯矛盾。

本書第96頁到第98頁的盒子實驗，是模仿美國物理學家布魯斯·羅森布倫（Bruce Rosenblum）和佛瑞德·庫特納（Fred Kuttner）所設計的版本：「我們可以想成是原子坐在這裡，等著我們選擇如何處置它們，而不是讓原子穿過雙狹縫往偵測屏幕射去。」因此，你想等多久就等多久，例如等八小時：「如果你打開盒子，發現貓是死的，獸醫前來驗屍，會告訴你貓在八小時前就死了。」怪的是，致命的機關是在盒子打開的那一瞬間啟動，而非八小時前。請注意！薛丁格的貓實驗完全是理論上的。要真正執行，必須遵守量子同調性，也就是要避免波函數崩塌（請參閱下一個條目）。為此，貓和整個實驗系統都要與世界隔離，不得受到任何粒子的干擾。這樣一來，還是個無人能執行的實驗。

他的名字叫做「薛丁格」……

我快被他整慘了……

去同調 （P. 100）

同調是指，量子物體具有波的性質。如果將波分成兩半，則這兩個生成的波將互相干涉，形成單一疊加狀態。

去同調則相反，是指同樣的波在我們巨觀世界中的崩塌：**被觀察**的機率波崩塌，只有一個粒子進入真實世界。

去同調是由物理學家塞爾日·阿羅什（Serge Haroche）團隊驗證而出。2007年，他在巴黎高等師範學校的實驗室中，成功再現了這個現象。實驗證明，測量量子系統中的粒子會使系統不穩定。物理學家艾蒂安·克雷恩（Étienne Klein）在《量子世界之旅》（*Petit voyage dans le monde des quanta*）中提到：「這就像是有關量子狀態的資訊不斷洩漏到環境。環境就像觀察者，將永久都在測量系統，從而消除巨觀尺度上的所有疊加，也因此消除了量子干涉。這確實會產生去同調。」

你觀察，故你在！
在我們的巨觀世界中，機率波是永久崩塌的，且只選擇一種可能來進入現實世界。但是為什麼是選擇這個？其他可能性到哪裡去了？這是奧祕，沒人知道。

逆因果 （P. 107）

讓我們面對現實吧！在科學中，**逆因果**可是個骯髒名詞。我們的現實立基於一個不可動搖的原則：因果關係。萬事萬物都會先有個原因，然後出現由這個原因導致的結果。因與果的關係永遠不會倒過來進行，這是事物的法則，是時間的方向。愛因斯坦的相對論物理中，除了「原因總是決定結果」之外，其他都隻字不提。不過，這裡卻出現了量子實驗或量子纏結現象因延遲選擇所引起的逆因果，也就是時間反轉：結果似乎先於原因。這就像在買樂透前贏得大獎，或發現南方古猿（Grraahghokrr）擁有臉書帳戶一樣。簡而言之，就是對我們現實秩序的根本基礎提出質疑。

如何證明在量子實驗中觀察到的這種明顯的逆因果悖論？答案可能在於「溝通」的概念。至少，這是科學的最新答案：要違反因果關係的原則，**溝通**速度必須快於光速。這裡的溝通，就是資料傳輸。然而，在雙狹縫實驗的情況下，粒子要被觀察到才能算是真實或具體的。因此，由於粒子此刻實際上並不存在，只處於機率狀態，所以沒有資訊逆傳送給粒子。這時，即使看起來像是逆因果，實際上卻非如此，因果關係的原則也沒有遭到違反。

但是，這個問題依舊沒有獲得一致的看法。一些物理學家，如戴斯帕納和奧利維耶．科斯塔．德．博勒加爾（Olivier Costa de Beauregard），都認為結果可能早於原因。博勒加爾認為，粒子可以有效地發送訊號給過去，**逆因果**因此可能取代了非局域性的觀念（詳情參閱第八章，量子纏結）。

博勒加爾的想法類似於量子電動力學中由費曼所發展出的計算方式，其中像正子（帶正電的電子）這樣的反物質粒子會回到過去。但是到目前為止，博勒加爾的理論還沒有取得重大成功。最後，考慮到逆因果，讓我們提一下只擁有當下的光子這種特殊情況：當光子以光速前進，時間抓不住它，所以它既沒有過去，也沒有未來！

啊，那就是……檸檬水啦？

逆因果關係有點像量子物理學的薑汁汽水：就像薑汁汽水不含薑汁，逆因果關係也不含時間——即使它看起來跟時間有關，聽起來也時間有關。

量子纏結（詭異的超距作用）（P. 123）

　　愛因斯坦對於兩顆據稱相隔甚遠卻仍保有鬼魅般連結的粒子顯然十分不以為然。他嘲笑朋友波耳所捍衛的哥本哈根詮釋（Copenhagen interpretation）根本就是巫毒的力量。這個理論認為，粒子在測量、觀察之前，是沒有確切位置的，甚至不存在！

　　愛因斯坦認為這實在過於荒謬，因此與助手鮑里斯·波多斯基（Boris Podolsky）、納森·羅森（Nathan Rosen）在1935年提出EPR弔詭（EPR paradox），並引起極大轟動。EPR是愛因斯坦、波多斯基和羅森姓氏字首的縮寫。這項理論證實了粒子是現實的有形元素，具備的特性都不會受到測量所影響。

　　這個理論所指向的現象，當時還沒有名稱，因為那時這個現象尚未真正得到注意：纏結。有了纏結，粒子之間相互影響的速度似乎比光速還快，但這通常是不可能的！

　　這個EPR三人組使這個悖論成為論點的樞紐：粒子在一開始**必然**就具備現有特徵。曼吉特·庫馬爾（Manjit Kumar）在《量子理論：愛因斯坦、波耳，以及關於世界本質的大論戰》（*Quantum: Einstein, Bohr, and the Great Debate About the Nature of Reality*）中提到：「EPR的襲擊從

天而降，對波耳引起非常顯著的影響。」波耳放下所有日常工作，只專注於接下愛因斯坦發起的EPR挑戰。兩人在接下來的20年裡，多次試圖表達自己的觀點，但在他們都還不瞭解這些「鬼魅般行為」的真相時，就相繼離世。

　　多虧了約翰·貝爾（John Bell）和他的貝爾定理，科學後來發現波耳是正確的：粒子在一定距離下，仍具有良好的連結，且一開始並未具備現有特徵。諷刺的是，愛因斯坦為捍衛他的EPR悖論而提出的量子纏結，迄今仍然無解，甚至還指出他自己是錯的……

> 然後，有個留著大鬍子的男人走了出來……

> 嘿啊……非常茂密的鬍子。

愛因斯坦終其一生都在與這些能串連起粒子的假想的「鬼魅般的遠距行為」奮戰。

量子密碼學和量子隱形傳態 （P. 127）

　　量子密碼學（Quantum cryptography）使用纏結原理，使我們能以絕對安全的方式傳輸資訊。在實際應用中，與其說它是**加密**，更應該說它是**發送量子密鑰**。在這種情況下，會將光脈衝傳送至光纖中。

　　量子纏結實驗先驅尼古拉斯·吉辛（Nicolas

Gisin）領導的日內瓦大學團隊，是最早讓這個過程運用於工業的團隊之一。你可以這樣理解量子密碼學：如果我們以網球來傳輸資訊，駭客很容易就可以攔截該球，讀取他人輸入的內容。但如果我們改用肥皂泡（代表量子密鑰的光脈衝）來傳送，那麼一切都會改變：任何攔截都會使泡泡破裂（擾亂光子波並顯示出第三方的干預）。因

此，這樣的系統是無從駭入的。

遠距傳送（teleportation）也使用纏結原理。在量子遠距傳送中，傳送的並非物體（物質），而是其量子態（物理態）。吉辛在《難以想像的偶然性》（*L'Impensable Hasard : Non-localité, téléportation et autres merveilles quantiques*）中指出：「對於光子這種沒有質量的光粒子來說，其物質就是其能量。它的物理態是由偏振、位置雲（clouds of positions）和潛在振動頻率組成的。」

為了想像量子遠距傳送的原理，吉辛以一隻黏土捏製的鴨來比喻光子：假設愛麗絲（A）有這隻鴨子，並決定以遠距傳送傳給鮑伯（B）。後者這坨變形黏土（物質），就是最初送出去的東西。

如果愛麗絲（A）要傳送黏土鴨，黏土留在原地，只有外形消失。在傳送過程的最後，鮑伯（B）的黏土獲得了一開始鴨子的精確形狀，連最小的原子細節都極其準確。

全像3D的世界（P. 140）

可見光與其他電磁波只有一**處**不同：波長。無線電波的波長等於或大於1公尺。X射線的波長

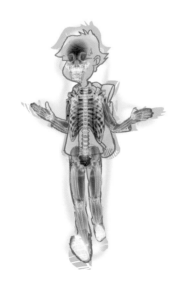

則只大約在0.01~10奈米之間，比我們眼睛的可見光要短得多。霍金與雷納・曼羅迪諾（Leonard Mlodinow）在《大設計》（*The Grand Design*）指出：「因為這是輻射範圍內人類可獲得的部分，所以我們的眼睛很可能經過演化，進化出能在此範圍內精確檢測電磁輻射的能力。」在這本漫畫書中，如果我們能感知高強度的X光或伽馬射線，書中的男孩希爾伯特，就會變得像左下角的圖一樣。我們還將看到強大的能量球，天空中也將有瘋狂的活動，如來自超新星的能量球。

可見光本身就是地球上的偉大魔術師。例如，當我們的可見光（彩虹的那一邊）照射到番茄時，可見光對番茄毫無用處，因為紅色的光線是反射出來的，而不是被吸收，那是我們看番茄時是紅色的唯一原因。葉子上的綠色也是如此。

羅維理寫道：「我們『所見』的，不外乎都是電磁場。當我們看著某物，它其實不是我們直接感知的物體，而是它與我們之間的電磁振盪，也就是物體反射的光。想想看你在鏡子、電影螢幕或全像投影中看到的內容。在這三種情況下，你以為看見了什麼，但其實那裡什麼都沒有，只有光的反射，彷彿有物體在那裡一樣。這效果是一樣的。」

物理學家克里斯多福・蓋勒法（Christophe Galfard）在《別管黑洞了，跟著霍金上太空！一位嚮導，七段旅程，138億年的宇宙旅行》（*The Universe in Your Hand: A Journey Through Space, Time and Beyond*）中補充：「如果電子和光子無法相互轉化，我們將看不到番茄、我們面前的人或其他物體（……）我們的身體透過感官，將所有這些奇怪的相互作用轉化為大腦處理的訊息。」

量子生物學（P. 143）

長期以來，科學家一直懷疑某些生物學現象只能透過量子過程來解釋。薛丁格在1944年出版的《生命是什麼》（*What Is Life? The Physical Aspect of the Living Cell*）中就提到這一點，而量子生物學真正突飛猛進則是直到最近才開始。過去，量子實驗長期局限於接近絕對零度的真空狀態，但也有部分量子實驗在接近有機體的生命、類似溫暖環境的條件中，卻沒有造成波函數崩塌。

特別是量子同調性和量子疊加，都在光合作用中發揮了效用（請參閱第133頁）。而酶也利用**量子穿隧效應**（粒子穿過屏障的能力）來作用。一如聲音可以穿過牆壁，酶也能將電子或質子從分子的一部分，搬移到另一部分。量子纏結則與**磁感**有關，即生物檢測磁場並與之對準的能力。尤其是歐亞鴝（European robin）與地球磁場的關係。物理學家吉姆・艾爾—卡利里（Jim Al-Khalili）和遺傳學家約翰喬伊・麥克法登（Johnjoe McFadden）在他們的《解開生命之謎：運用量子生物學，揭開生命起源與真相的前衛科學》（*Life on the Edge: The Coming of Age of Quantum Biology*）書中捍衛了這一論點。

2015年，「能量傳遞和傳感聲子輔助進程」

歐亞鴝利用地球磁場來定向。
但是牠們是怎麼做的呢？有理論表示，
與視網膜分子產生纏結的電子，
可能參與了這個過程，不過仍有待確認。

（Phonon-Assisted Processes for Energy Transfer and Sensing，PAPETS）計畫主要目標就在於探索生物學與物理學之間的量子邊界，計畫主持人亞希爾・奧瑪（Yasser Omar）熱情地說：「在龐大、

潮濕又嘈雜的系統中，也同樣觀察到了量子效應。這令人又驚訝又興奮。」同時，科學家也正設法疊加和纏結越來越多的粒子。到今日，我們不只能疊加兩個粒子，而是數千、甚至幾百萬個粒子。要達到肉眼可見的程度，似乎不再那麼遙遠。就在幾年前，英國牛津大學的一個團隊纏結了兩個肉眼可見的鑽石晶體：一對鑽石晶體透過量子纏結連繫在一起。發生於其中一個晶體晶格的振動，是無法明顯歸因於哪個特定原因。但如果兩個晶體可以同時振動或不振動，那原因就很明顯了。

巨觀的量子纏結和疊加是量子研究的主要領域。吉辛在2013年說：「我們希望在未來幾年內纏結更大的物體。」而日內瓦大學在2017年底達到一個里程碑，成功證明1600萬個原子能在寬度僅一公分的晶體中完成量子纏結。

超弦理論和迴圈量子重力論（P. 147）

　　布萊恩・葛林（Brian Greene）和李奧納特・色斯金（Leonard Susskind）是**超弦理論**的捍衛者。這個理論假設有十個維度，也假設「超對稱粒子」的存在：每個玻色子（即能量粒子，如光子）將對應一個隱藏的「超伴子」，也就是費米子（即物質粒子，如電子）。各種版本的超弦理論統一起來，總稱為M**理論**（這個M究竟從何而來已不可考）。M理論假設可能存在多個不同的宇宙。如果把這個數字與組成我們宇宙的可觀數字個粒子相比，就能理解10後面跟著500個0有多驚人！

超弦理論在90年代非常流行，今日卻岌岌可危。沒有實驗能證實、支持其假設。2012年，當科學家發現希格斯玻色子時，他們認為這些粒子應該可以對應到假設的超對稱粒子，結果卻不行。

　　迴圈量子重力論是超弦理論最大的競爭對手。這個理論試圖量子化萬有引力（也就是宇宙四大力中的最後一力），卻依舊無法把重力圈入量子定律。迴圈量子重力論是由羅維理和美國科學家李・斯莫林（Lee Smolin）共同發展而出。羅維理寫道：「世界是由什麼構成的？答案很簡單：粒子是量子場中的量子；光是場中的量子所組成的，而空間只是一個場，也是量子；而時間則源於同一個場域的過程。換句話說，世界完全由量子場組成。」空間不能縮減到無限小，而是由無法再縮小的最小顆粒（類似像素）所組成。研究人員認為，迴圈量子重力還消除了物理學家和數學家所遇到的無限問題，尤其是黑洞中無限大的時空曲率。

　　迴圈量子重力論著眼於現有的基本原理，比超弦理論更實用。其假設之一直接奠基於廣義相對論，該理論規定引力和空間實際上是相同且唯一的實體（參見第51頁）。最常見的解釋是認為重力並不存在，而是空間的移動和變形。但是，如果空間和引力只是同樣的實體，那麼還有另一種觀點：存在的是引力，而不是空間。更精確來說，這個引力會是巨大的量子重力場。因此，比起一個雜亂又被動的空間，我們將擁有一個具有廣義相對論精神的空間。羅維理繼續解釋：「空間的特性接近電磁場的特性，也就是能與其中物體進行交互作用的動態實體。」比超弦理論更新的狀況是，迴圈量子重力論仍在尋找證實其理論方法的證據。

參考書目

主要參考作品

BARROW John D., *Une brève histoire de l'infini*, Robert Laffont, 2008.

BRYSON Bill, *Une histoire de tout, ou presque…*, Payot, 2011.

COX Brian, FORSHAW Jeff, *L'Univers quantique : Tout ce qui peut arriver arrive…*, Dunod, 2013, 2018.

COX Brian, FORSHAW Jeff, *Pourquoi E = mc2, et comment ça marche ?,* Dunod, 2012, 2019.

D'ESPAGNAT Bernard, *À la recherche du réel : le regard d'un physicien*, Dunod, 2015.

FALK Dan, *Tout l'Univers sur un tee-shirt : À la recherche d'une « théorie du tout »*, Fides, 2005.

FALK Dan, *In Search of Time : Journeys Along a Curious Dimension,* McClelland & Stewart Ltd, 2008.

FEYNMAN Richard P., *Six Easy Pieces*, Basic Books, 1963, 2011.

GALFARD Christophe, *L'Univers à portée de main*, Flammarion, 2015.

GALFARD Christophe, *E = mc2, l'équation de tous les possibles,* Flammarion, 2017.

GISIN Nicolas, *L'impensable hasard, non-localité, téléportation et autres merveilles quantiques*, 0dile Jacob, 2012.

GREENE Brian, *La Magie du cosmos*, R. Laffont, 2005.

GREENE Brian, *La Réalité cachée : Les univers parallèles et les lois du cosmos*, Robert Laffont, 2012.

GRIBBIN John, *La Physique quantique*, Pearson Education, 2007.

HAWKING Stephen, *Une brève histoire du temps*, Flammarion, 1988, 2008.

HAWKING Stephen, MLODINOW Leonard, *Y a-t-il un grand architecte dans l'Univers ?*, Odile Jacob, 2014.

KLEIN Étienne, *Petit voyage dans le monde des quantas*, Flammarion, 2004.

KRAUSS Lawrence M., *A Universe from Nothing, Why There is Something Rather than Nothing*, Simon & Schuster, 2012.

KRAUSS Lawrence M., *The Greatest Story Ever Told So Far*, Simon & Schuster, 2017.

KUMAR Manjit, *Le Grand roman de la physique quantique : Einstein, Bohr… et le débat sur la nature de la réalité*, Flammarion, 2012.

LANZA Robert, BERMAN Bob, *Beyond Biocentrism*, BenBella Books Inc, 2016.

LOUIS-GAVET Guy, *La Physique quantique*, Eyrolles, 2012.

McFADDEN Johnjoe, AL-KHALILI Jim, *Life on the Edge, The Coming of Age of Quantum Biology*, Crown Publishers, 2016.

MLODINOW Leonard, DEEPAK Chopra, *War of The Worldviews, Where Science and Spirituality Meet-and Do Not*, Three Rivers Press, 2011.

ORTOLI Sven, PHARABOD Jean-Pierre, *Le Cantique des quantiques, La Découverte*, 1984.

ORTOLI Sven, PHARABOD Jean-Pierre, *Métaphysique quantique, les nouveaux mystères de l'espace et du temps,* La Découverte, 2011.

ROSENBLUM Bruce et KUTTNER Fred, *Quantum Enigma : Physics Encounters Consciousness*, Oxford University Press, 2011.

ROVELLI Carlo, *Et si le temps n'existait pas ?*, Dunod, 2014.

ROVELLI Carlo, *Sept brèves leçons de physique*, Odile Jacob, 2015.

ROVELLI Carlo, *Par-delà le visible, la réalité du monde physique et la gravité quantique*, Odile Jacob, 2015.

RUELLE David, *Hasard et chaos*, Odile Jacob, 1991.

TEODORANI Massimo, *Entanglement : l'intrication quantique des particules à la conscience*, Macroéditions, 2016.

其他參考資料

BARROW John D., *Le Livre des univers*, Dunod, 2012.

CLEGG Brian, *The God Effect, Quantum Entanglement, Science Strangest Phenomenom*, St-Martin's Griffin, 2009.

DAMOUR Thibault, BURNIAT Mathieu, *Le mystère du monde quantique,* Dargaud, 2016.

ISAACSON Walter, *Einstein: La vie d'un génie*, 2016.

KAKU Michio, *Einstein's Cosmos: How Albert Einstein's Vision Transformed Our Understanding of Space and Time*, Hachette UK, 2015.

KLEIN Étienne, *Le facteur temps ne sonne jamais deux fois*, Flammarion, 2007.

KLEIN Étienne, *Discours sur l'origine de l'Univers*, Flammarion, 2010.

KLEIN Étienne, *Les secrets de la matière*, Plon, 2015.

LEHOUCQ Roland, *SF : La science mène l'enquête*, Le Pommier, 2007.

MANGABEIRA UNGER Roberto, SMOLIN Lee, *The Singular Universe and the Reality of Time*, Cambridge University Press, 2015.

McEVOY J. P., ZARATE Oscar, *La Théorie quantique en images*, EDP Sciences, 2014.

PENROSE Roger, *Les Ombres de l'esprit : À la recherche d'une science de la conscience*, Dunod, 1995.

REEVES Hubert, *Poussières d'étoiles,* Seuil, 1984.

REEVES Hubert, *Les Secrets de l'univers*, Robert Laffont, 2016.

ROVELLI Carlo, *L'Ordre du temps*, Flammarion, 2018.

RUELLE David, *L'Étrange beauté des mathématiques*, Odile Jacob, 2008.

TEGMARK Max, *Notre univers mathématique : en quête de la nature ultime du réel,* Dunod, 2018.

WEISMAN Alan, *Homo Disparitus*, Flammarion, 2007.

網路參考資料

culturesciences.chimie.ens.fr : émanation du Ministère français de l'éducation, validé par le CNRS (Centre National de la Recherche Scientifique)

cea.fr : site du CEA, Commissariat à l'Energie Atomique et aux énergies alternatives, organisme public français de recherche à caractère scientifique, technique et industriel.

STRASSLER Matt, physicien théoricien, spécialiste en théorie des particules, profmattstrassler.com.

FELDER Gary, physicien, spécialiste de l'inflation de l'univers, article « Spooky Action at a Distance », 1999, felderbooks.com

AARONSON Scott, chercheur en informatique quantique, Bell Inequality finally done right (art. Sept 2015), scottaaronson.com

PBS Digital Studio : série Space Time – PBS Digital studio (émanation de la chaîne publique éducative américaine PBS) diffuse des contenus vidéo éducatif originaux via youtube.

Minute Physics : vidéos dessinées sur divers sujets relatifs à la physique, youtube.

Crashcourse : série de vidéos scientifiques en anglais sur youtube.

Veritasium : canal youtube de sciences en anglais (youtube channel of science).

致謝

寫這本書大約花了三年以上的時間，讓我度過了開心又神經緊繃的時光。我要特別感謝Claude-Alain Pillet的慷慨幫助，沒有他不可或缺的科學專業知識和堅定不移的支持，這本書不可能問世。我要向我的太陽Ariane獻上一千個溫柔的吻，以感謝她在這裡，感謝她所做的一切，還有從一開始就熱切關注這本書的女兒Valentine。還要感謝Zep、羅維理、吉辛、David Ruelle和Jacques Dubochet的寶貴資訊。

非常感謝Marc Francey和Pascal Busset的支持，他們啟發我創作出書中馬克斯和巴斯丁的角色。感謝瑞士佛立堡布耶書店（la librairie La Bulle）的巴斯卡‧西費（Pascal Siffert）、艾希‧昱邁（Éric Humair）、亞尼克‧德賈丹（Yannick Desjardins）、休‧巴克（Hugh Barker）和娜塔麗‧杜克（Nathalie Duc）的幫忙和協助。還要謝謝勞倫斯‧鮑德納維（Laurence Bordenave）、安凱瑟琳‧芭赫（Anne-Catherine Barret）、荷內‧馬可貝（René Macchabé）、羅宏‧戴思邦（Laurent Despont）、賽巴斯提安‧德富（Sebastien Devaud）、珍妮‧川克（Jenny Trunk）和派崔克‧品查（Patrick Pinchart）的建議和幫助。還要感謝我的兄弟Olivier，他是高斯函數大師。感謝阿茲穆整個辦公室團隊的友誼，並感謝他們能讓我改變主意。還要感謝全家人，以及接受我的詢問、訪問但不具名的人，他們共同為我實現這一趟冒險。最後也最重要的是，我要感謝莒諾（Dunod）出版社及其團隊的專業精神，以及他們對這本書抱持的信念。

ALPHA 44

怪奇物理的日常大冒險
又酷又能學到東西的漫畫量子力學，迷人又好笑的相對論
Quantix: LA PHYSIQUE QUANTIQUE ET LA RELATIVITE EN BD

作者、繪者	勞倫・薛弗 Laurent Schafer
譯　　者	宋宜真
審　　訂	曾耀寰
總 編 輯	富　察
副總編輯	成怡夏
責任編輯	成怡夏
行銷企劃	蔡慧華
封面設計	蔡佳豪
內頁排版	宸遠彩藝

社　　長	郭重興
發行人暨出版總監	曾大福
出　　版	八旗文化／遠足文化事業股份有限公司
發　　行	遠足文化事業股份有限公司
	231 新北市新店區民權路 108 之 2 號 9 樓
	電話　02-22181417
	傳真　02-86611891
	客服專線　0800-221029
	信箱　gusa0601@gmail.com
	臉書　facebook.com/gusapublishing
	部落格　gusapublishing.blogspot.com

法律顧問	華洋法律事務所 蘇文生律師
印　　刷	成陽印刷股份有限公司
初版一刷	2020 年 6 月
初版三刷	2021 年 5 月

定　　價	480 元

Originally published in France as:

Quantix. La physique quantique et la relativité en BD By Laurent SCHAFER

© Dunod Editeur, 2019, Malakoff

Traditional Chinese language translation rights arranged through The Grayhawk Agency, Taiwan.

國家圖書館出版品預行編目 (CIP) 資料

怪奇物理的日常大冒險：又酷又能學到東西的漫畫量子力學，迷
　人又好笑的相對論 / 勞倫 . 薛弗 (Laurent Schafer) 作 . 繪；宋宜真
　譯 . -- 初版 . -- 新北市：八旗文化出版：遠足文化發行 , 2020.06
　譯自 : Quantix : la physique quantique et la relativité en BD
　面；　公分 . -- (ALPHA ; 44)
　ISBN 978-986-5524-09-8((平裝)

　1. 量子力學　2. 相對論　3. 漫畫

331.3　　　　　　　　　　　　　　　　　　　　109004876